月　日

1 正の数・負の数の計算 ①

合格点 80点
得点　　点
解答 ➡ P.61

1 次の計算をしなさい。（6点×8）

(1) $4-9$

(2) $+5$

(3) $6-(-9)$

(4) $+(-12)$

(5) $-6.9-10$

(6) $-\frac{2}{3}+\left(-\frac{1}{6}\right)$

(7) $-11+(-5)+17-3$

(8) $28+(-12)-25-(-3)$

2 次の計算をしなさい。（6点×6）

(1) $7\times(-9)$

(2) $(-7)\div(-7)$

(3) $(-3)\times\left(-\frac{2}{3}\right)$

(4) $(-12.8)\div(+0.04)$

(5) $\frac{9}{7}\div\left(-\frac{3}{2}\right)$

(6) $\left(-\frac{5}{3}\right)\times\left(-\frac{3}{4}\right)\div 2$

3 次の計算をしなさい。（8点×2）

(1) $(-2)^2\times\frac{3}{2}$

(2) $(-2)^3\times(-3^2)$

2 正の数・負の数の計算 ②

合格点 80点

得点 点

解答 ➡ P.61

1 次の計算をしなさい。(8点×8)

(1) $-6-14\div2$

(2) $100-25\times(-2)$

(3) $(6+9)\div(-3)$

(4) $-2^3-6\times(-7)$

(5) $\left(-\frac{2}{5}\right)\times\frac{1}{2}+\frac{1}{3}$

(6) $\frac{1}{2}+\left(-\frac{1}{4}\right)^2$

(7) $(-2)^2\times(-3)-4\times(-2^2)$

(8) $\frac{1}{2}\times\left(-\frac{2}{3}\right)-\left(-\frac{3}{4}\right)\div\left(-\frac{1}{2}\right)$

2 次の計算をしなさい。(9点×4)

(1) $116\times3.14-16\times3.14$

(2) $97\times(-17)+3\times(-17)$

(3) $(-36)\times\left(-\frac{1}{6}+\frac{5}{18}\right)$

(4) $\frac{1}{6}\times11^2+\frac{1}{3}\times11^2+\frac{1}{2}\times11^2$

月　日

3 式の計算 ①

合格点 80点

得点 　点

解答 ➡ P.61

1 次の計算をしなさい。（6点×6）

(1) $-x+8+2x+7$

(2) $-0.5a+8+4a$

(3) $4x-3+(-4x-3)$

(4) $(a-7)-(-2a+3)$

(5) $\left(\dfrac{2}{3}a-4\right)+\left(\dfrac{1}{2}a+5\right)$

(6) $\left(\dfrac{x}{2}+\dfrac{2}{3}\right)-\left(\dfrac{x}{5}+\dfrac{1}{6}\right)$

2 次の計算をしなさい。（8点×8）

(1) $\left(1-\dfrac{x}{2}\right)\times(-6)$

(2) $(4x-8)\div 2$

(3) $\left(\dfrac{1}{2}-\dfrac{x}{4}\right)\div\dfrac{1}{8}$

(4) $3(x+2)+2(x-3)$

(5) $2(2a-1)-3(a+4)$

(6) $-5(-3x+1)+4(2x-3)$

(7) $\dfrac{1}{4}(3x-1)+\dfrac{1}{6}(x-2)$

(8) $\dfrac{3x+1}{2}-\dfrac{4x-2}{3}$

月　日

式の計算 ②

合格点 80点
得点 　点

解答 ➡ P.61

1 次の計算をしなさい。(5点×8)

(1) $4x-3y+2y-3x$

(2) $(3x^2-4x)-(x^2-2x)$

(3) $3(4x-7y)+2(3x-5y)$

(4) $2(a^2+3a)-3(-a^2-1)$

(5) $\frac{1}{3}(2a+b)-\frac{1}{4}(a-2b)$

(6) $\frac{x+2y}{2}-\frac{x-y}{3}$

(7)
$$\begin{array}{rr} & 6x+7y \\ +) & 4x-6y \\ \hline \end{array}$$

(8)
$$\begin{array}{rr} & 3x\qquad +1 \\ -) & 5x-7y-5 \\ \hline \end{array}$$

2 次の計算をしなさい。(6点×10)

(1) $4x\times(-2xy)$

(2) $-8a^2\div(-4a)$

(3) $-2a^2b\times(-2b)^2$

(4) $(-2xy)^2\div4xy$

(5) $6a\times4ab^2\div12b$

(6) $x^2\times4xy^2\div(-2xy)$

(7) $a\times(-2a)^3\div(-4a)$

(8) $(-12xy^2)\times\frac{1}{4}x\div3y$

(9) $4x^2y\div2x\times\frac{3}{4}y$

(10) $\frac{1}{4}a^3b^2\div(-ab^3)\times(-2ab)^2$

月　日

5 式の値

合格点 80点

得点 点

解答 ➡ P.62

1 $x=-6$ のとき，次の式の値を求めなさい。(8点×5)

(1) $5x$

(2) $-4x-7$

(3) x^2

(4) $-\frac{2}{9}+\frac{1}{x^2}$

(5) $2x^2-3x+10$

2 次の式の値を求めなさい。(10点×6)

(1) $x=3$，$y=-2$ のとき，$-4x+y$

(2) $a=-2$，$b=1$ のとき，$3a-b$

(3) $x=\frac{1}{2}$，$y=-1$ のとき，x^2+2y

(4) $a=3$，$b=-5$ のとき，$2(a-2b)+3(4a+b)$

(5) $x=3$，$y=-\frac{2}{3}$ のとき，$4x^2y\div x$

(6) $x=\frac{1}{4}$，$y=-\frac{2}{5}$ のとき，$4(x^2+2y)-(x+3y)$

月　日

6 まとめテスト ①

80点

得点

点

解答 ➡ P.62

1 次の計算をしなさい。（6点×4）

(1) $-8+(-3)+5$

(2) $15-(-36)\div6$

(3) $2^3+(-3)^2$

(4) $\left(\frac{1}{3}-\frac{4}{5}\right)\div\left(-\frac{2}{3}\right)^2$

2 次の計算をしなさい。（6点×6）

(1) $3x+9-7x-5$

(2) $6(a-b)-2(4a-3b)$

(3) $3x-y-\frac{x-y}{3}$

(4) $\frac{x-7y}{4}-\frac{x-3y}{6}$

(5) $3ab\div6b\times(-2a)$

(6) $xy\div\frac{6}{5}x\times12x^2y$

3 次の式の値を求めなさい。（10点×2）

(1) $a=-2$，$b=3$ のとき，a^2+2ab

(2) $x=4$，$y=5$ のとき，$\frac{x+2y}{4}-\frac{3x-y}{2}$

4 $A=3a-2b$，$B=2a+b$ のとき，次の式を計算しなさい。（10点×2）

(1) $A-B$

(2) $2A-3B$

月　日

7 多項式と単項式の乗除

合格点 80点
得点 点

解答 ➡ P.62

1 次の計算をしなさい。（6点×6）

(1) $3x(x+2)$

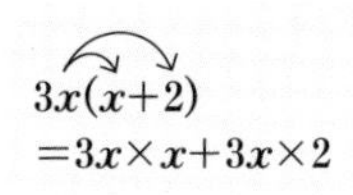

(2) $(3a-9)\times\frac{2}{3}a$

(3) $-2a(3a-b+3c)$

(4) $(4x+2y-5)\times(-3x)$

(5) $6x\left(\frac{x}{2}-\frac{y}{3}\right)$

(6) $(a^2-3a+7)\times(-2a)$

2 次の計算をしなさい。（6点×6）

(1) $(3x^2+6x)\div 3x$

(2) $(4ab-2ab^2)\div\frac{2}{3}b$

(3) $(x^2y-xy+xy^2)\div(-y)$

(4) $(12a^2b-3ab+15a)\div 3a$

(5) $\left(\frac{x^2}{2}+2x\right)\div x$

(6) $(0.8xy-0.6y^2)\div(-2y)$

3 次の計算をしなさい。（7点×4）

(1) $3x(x-5)+2x(x+3)$

(2) $4a(a-b)-3a(2a+b)$

(3) $-4x(3-x)+3x(1+x)$

(4) $\frac{a}{3}(3a+6b)-3a(b+a)$

多項式の乗法

1 次の式を展開しなさい。（5点×4）

(1) $(x+2)(y+4)$

(2) $(a+b)(x-y)$

(3) $(a-7)(b+2)$

(4) $(x-a)(x-b)$

2 次の式を展開しなさい。（8点×6）

(1) $(2a+3)(a-2)$

(2) $(3x-1)(2x+5)$

(3) $(x+2y)(2x-y)$

(4) $(2a-3b)(4a-5b)$

(5) $(-2x+y)(x-3y)$

(6) $(5x+4y)(5x-4y)$

3 次の式を展開しなさい。（8点×4）

(1) $(a+2)(a-b+1)$

(2) $(2x+y)(x+3y-4)$

(3) $(4x+y-5)(6x-1)$

(4) $(2a-b+7)(4a+5b)$

月　日

9 乗法公式 ①

合格点 80点

得点　　点

解答 ➡ P.63

1 乗法公式 $(x+a)(x+b)=x^2+(a+b)x+ab$ を使って，次の式を展開しなさい。（6点×6）

(1) $(x+4)(x+7)$

(2) $(x-3)(x-5)$

(3) $(a-3)(a+2)$

(4) $(x+8)(x-6)$

(5) $\left(y-\frac{1}{3}\right)\left(y+\frac{1}{2}\right)$

(6) $(x+0.1)(x-0.4)$

2 次の式を展開しなさい。（8点×8）

(1) $(2a+3)(2a+4)$

(2) $(6x+1)(6x-5)$

(3) $(x+3y)(x-2y)$

(4) $(a-3b)(a-2b)$

(5) $(3x-7)(3x+9)$

(6) $\left(\frac{1}{3}a+7\right)\left(\frac{1}{3}a-8\right)$

(7) $(-5x+y)(-5x-2y)$

(8) $(3a-b)(3a+2b)$

月　日

乗法公式 ②

合格点 80点

得点　　点

解答 ➡ P.63

1 乗法公式 $(x+a)^2=x^2+2ax+a^2$，$(x-a)^2=x^2-2ax+a^2$ を使って，次の式を展開しなさい。（8点×4）

(1) $(x+7)^2$

(2) $(a-b)^2$

(3) $(y-1)^2$

(4) $(-x+3)^2$

2 乗法公式 $(x+a)(x-a)=x^2-a^2$ を使って，次の式を展開しなさい。（8点×4）

(1) $(x+4)(x-4)$

(2) $(a+2)(a-2)$

(3) $(3+x)(3-x)$

(4) $\left(x+\dfrac{3}{4}\right)\left(x-\dfrac{3}{4}\right)$

3 次の式を展開しなさい。（6点×6）

(1) $(3x+5)^2$

(2) $(2x-4y)^2$

(3) $\left(x-\dfrac{2}{3}\right)^2$

(4) $\left(\dfrac{1}{4}a+\dfrac{1}{2}b\right)^2$

(5) $(5a+3)(5a-3)$

(6) $(-x+6y)(-x-6y)$

月　日

乗法公式 ③

合格点 80点

得点　　点

解答 ➡ P.64

1 次の計算をしなさい。（10点×10）

(1) $(x+3)^2-(x+2)(x-4)$

(2) $(x-1)^2+(x-4)(x+4)$

(3) $(a-b)^2-(a+b)^2$

(4) $2x(x-4)-(x-3)(x+3)$

(5) $(a-7)(a+2)-(a+4)(a-4)$

(6) $(2x-1)^2-3(x+2)(x-3)$

(7) $4(x-1)^2-(2x-3)^2$

(8) $2(x-2)(x+2)-(2x-1)^2$

(9) $(2x+y)^2-(2x-y)(x-y)$

(10) $(x-y)^2-2x(x-2y)$

12 乗法公式④

合格点 80点

得点　　点

解答 ➡ P.64

1 次の問いに答えなさい。（10点×2）

(1) $2x=X$ とおいて，$(2x+3)(2x-2)$ を展開しなさい。

(2) $9x=X$ とおいて，$(9x-2)(9x+5)$ を展開しなさい。

2 次の式を展開しなさい。（16点×5）

(1) $(x+y-2)(x+y+2)$

共通な部分を X とおいて
展開してみよう。

(2) $(a+b-3)(a+b+6)$

(3) $(x-y)(y-x+1)$

(4) $(x+y+z)^2$

(5) $(a-b+3)^2$

13 因数分解 ①

合格点 80点
得点 　点
解答 ➡ P.64

1 次の式を因数分解しなさい。(6点×6)

(1) $ax-bx$

(2) $5x^2+4x$

(3) $3ax-9ay+6a$

(4) $10x^2+15xy-5x$

(5) $4xy-2y^2+10y$

(6) $9a^2+3ab-6ab^2$

2 次の因数分解において，□にあてはまる正の数を求めなさい。(7点×4)

(1) $x^2+7x+12=(x+3)(x+\square)$

(2) $x^2-10x+9=(x-\square)(x-9)$

(3) $x^2+2x-3=(x+\square)(x-\square)$

(4) $x^2-8x-20=(x+\square)(x-\square)$

3 次の式を因数分解しなさい。(6点×6)

(1) $x^2+11x+24$

(2) $x^2-3x-10$

(3) $a^2-7a+12$

(4) $x^2+5x-14$

(5) $x^2-3x-28$

(6) $y^2+2y-35$

14 因数分解 ②

解答 ➡ P.64

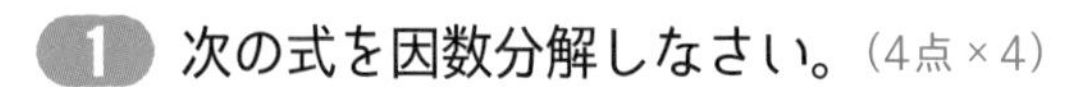

1 次の式を因数分解しなさい。(4点×4)

(1) $x^2+14x+49$

(2) $x^2-16x+64$

(3) $x^2+10x+25$

(4) a^2-2a+1

2 次の式を因数分解しなさい。(7点×6)

(1) $9a^2+6a+1$

(2) $16x^2-24x+9$

(3) $4x^2-12x+9$

(4) $4a^2-4ab+b^2$

(5) $x^2+6xy+9y^2$

(6) $9x^2-30xy+25y^2$

3 次の式を因数分解しなさい。(7点×6)

(1) x^2-36

(2) a^2-1

(3) x^2-100

(4) $16x^2-25$

(5) $81-4a^2$

(6) $9a^2-4b^2$

月　日

15 因数分解 ③

1 次の式を因数分解しなさい。（10点×10）

(1) x^2y-y

(2) $ax^2-ax-6a$

(3) $ax^2+4ax+4a$

(4) $3a^2-12b^2$

(5) $2x^2-20x+50$

(6) x^3+x^2-6x

(7) $2x^2+14xy+20y^2$

(8) $3x^2y+15xy+12y$

(9) $2x^2z+8xyz+8y^2z$

(10) $-2a^2c+2abc+4b^2c$

因数分解 ④

1 次の式を因数分解しなさい。（12点×5）

(1) $(a+8)^2-25$

(2) $a(2x-1)-b(2x-1)$

(3) $(x-3)^2+2(x-3)-15$

(4) $(x+2)^2-(x+2)$

(5) $xy-x+2y-2$

2 次の式を因数分解しなさい。（10点×4）

(1) $(x+2y)^2-(x-3y)^2$

(2) $x^2(a+b)-y^2(a+b)$

(3) $(x-1)a^2+4(1-x)b^2$

(4) $(x+y+1)(x+y-3)-5$

くふうした計算

1 乗法公式を利用して，次の計算をしなさい。(12点 × 2)

(1) 102^2

(2) 197×203

2 因数分解の公式を利用して，次の計算をしなさい。(12点 × 4)

(1) $75^2 - 25^2$

(2) $83^2 - 82^2$

(3) $7.5^2\pi - 2.5^2\pi$

(4) $58^2 - 2 \times 48 \times 58 + 48^2$

3 次の式の値を求めなさい。(14点 × 2)

(1) $a=6$, $b=-1$ のとき，$a^2+2ab+b^2$

(2) $x=-\dfrac{1}{12}$ のとき，$(3x+2)^2-9x(x+4)$

1 次の数の平方根を求めなさい。(9点×4)

(1) 25　(2) 6　(3) $\frac{1}{9}$　(4) 121

2 次の数を，根号を使わないで表しなさい。(9点×4)

(1) $\sqrt{49}$　(2) $-\sqrt{16}$　(3) $\sqrt{0.81}$　(4) $-\sqrt{\frac{4}{9}}$

3 次の数を，小さいほうから順に並べなさい。(9点×2)

(1) $\sqrt{3}$，0，$-\sqrt{2}$，$\sqrt{5}$，$-\sqrt{6}$

(2) 2.7，$\sqrt{9.6}$，3，$\frac{10}{3}$，$\sqrt{10}$

4 次のア～オの数の中から，有理数をすべて選びなさい。(10点)

ア -7　**イ** 0.6　**ウ** $\sqrt{3}$　**エ** $\sqrt{16}$　**オ** $\frac{\sqrt{6}}{2}$

月　日

根号をふくむ式の乗除

合格点 80点
得点 点

解答 ➡ P.66

1 次の数を $\sqrt{a}$ の形で表しなさい。(6点×3)

(1) $3\sqrt{2}$　(2) $4\sqrt{3}$　(3) $\dfrac{\sqrt{32}}{4}$

2 次の数を $a\sqrt{b}$ の形で表しなさい。(6点×3)

(1) $\sqrt{24}$　(2) $\sqrt{200}$　(3) $\sqrt{\dfrac{12}{49}}$

3 次の計算をしなさい。(5点×8)

(1) $\sqrt{7}\times\sqrt{3}$

(2) $\sqrt{18}\div\sqrt{6}$

(3) $\sqrt{6}\times4\sqrt{3}$

(4) $3\sqrt{10}\times4\sqrt{5}$

(5) $4\sqrt{6}\div\sqrt{3}$

(6) $6\sqrt{21}\div3\sqrt{7}$

(7) $\sqrt{75}\div3\sqrt{2}\times\sqrt{6}$

(8) $4\sqrt{6}\div\sqrt{32}\div\sqrt{3}$

4 次の数の分母を有理化しなさい。(8点×3)

(1) $\dfrac{2}{\sqrt{5}}$　(2) $\dfrac{\sqrt{3}}{\sqrt{8}}$　(3) $\dfrac{1}{\sqrt{3}+1}$

根号をふくむ式の加減

1 次の計算をしなさい。(6点×4)

(1) $3\sqrt{2}+4\sqrt{2}$

(2) $5\sqrt{6}+4\sqrt{6}$

(3) $7\sqrt{5}-3\sqrt{5}$

(4) $2\sqrt{7}-5\sqrt{7}$

2 次の計算をしなさい。(8点×6)

(1) $\sqrt{12}+\sqrt{27}$

(2) $\sqrt{63}+\sqrt{28}$

(3) $\sqrt{150}-\sqrt{54}$

(4) $\sqrt{75}-\sqrt{48}$

(5) $\sqrt{50}+\sqrt{18}$

(6) $\sqrt{112}-\sqrt{63}$

3 次の計算をしなさい。(7点×4)

(1) $3\sqrt{2}+2\sqrt{3}-2\sqrt{2}-3\sqrt{3}$

(2) $7\sqrt{5}-4\sqrt{6}+2\sqrt{5}-3\sqrt{6}$

(3) $\sqrt{12}-\sqrt{27}+\sqrt{75}-\sqrt{48}$

(4) $3\sqrt{2}-\sqrt{24}+4\sqrt{6}-\sqrt{32}$

根号をふくむ式の計算

合格点 80点
得点　　点
解答 ➡ P.67

1 次の計算をしなさい。(10点×6)

(1) $4\sqrt{2}+\dfrac{6}{\sqrt{2}}$

(2) $\dfrac{4\sqrt{5}}{5}+\dfrac{6}{\sqrt{5}}$

(3) $\sqrt{2}(3+\sqrt{6})$

(4) $\sqrt{5}(\sqrt{40}+\sqrt{10})$

(5) $\sqrt{2}(\sqrt{18}-\sqrt{2})$

(6) $(\sqrt{27}-\sqrt{12})\div\sqrt{3}$

2 次の計算をしなさい。(8点×5)

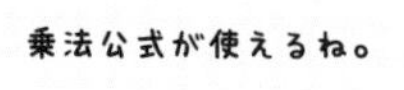

(1) $(\sqrt{3}+\sqrt{5})^2$

(2) $(2\sqrt{6}-\sqrt{2})^2$

(3) $(3+\sqrt{7})(3-\sqrt{7})$

(4) $(\sqrt{7}+1)(\sqrt{7}-3)$

(5) $(\sqrt{2}+\sqrt{6})(\sqrt{2}-\sqrt{6})$

22 平方根の利用 ①

1 次の式の値を求めなさい。（14点×5）

(1) $x=2\sqrt{3}$ のとき，x^2-3x+1

(2) $x=1+\sqrt{3}$，$y=1-\sqrt{3}$ のとき，$x^2-2xy+y^2$

(3) $x=\sqrt{3}+2$，$y=\sqrt{3}-2$ のとき，x^2-y^2

(4) $x=\sqrt{5}+3$ のとき，x^2-6x+5

(5) $a=\sqrt{7}+1$ のとき，$a(a-2)$

2 $\sqrt{30000}$ の整数部分は何けたになりますか。（15点）

3 $\sqrt{11}$ の小数部分を a とするとき，$a(a+6)$ の値を求めなさい。（15点）

23 平方根の利用 ②

合格点 80点

得点　　点

解答 ➡ P.67

1 次の問いに答えなさい。（15点×3）

(1) $\sqrt{80n}$ が自然数となるような自然数 n のうち，最小の n の値を求めなさい。

(2) $\sqrt{175n}$ が自然数となるような自然数 n のうち，最小の n の値を求めなさい。

(3) $\sqrt{\dfrac{72}{n}}$ が自然数となるような自然数 n をすべて求めなさい。

2 $\sqrt{3.5}=1.870$，$\sqrt{35}=5.916$ を利用して，次の値を求めなさい。（13点×3）

(1) $\sqrt{350}$　　(2) $\sqrt{0.35}$　　(3) $\sqrt{3500}$

3 $\sqrt{3}=1.732$ として，$\sqrt{48}+\dfrac{18}{\sqrt{3}}$ の値を求めなさい。（16点）

まとめテスト ②

合格点 80点

得点 点

解答 ➡ P.68

1 次の式を展開しなさい。(7点×4)

(1) $(4a-3)(2a+1)$

(2) $(x+5)(x-2)$

(3) $(2x-3)^2$

(4) $(x+y)(x+y-5)$

2 次の式を因数分解しなさい。(8点×4)

(1) $x^2-5x-24$

(2) $ax^2+10ax+25a$

(3) x^3y+1-x^2-xy

(4) $(x-2)^2-49$

3 次の計算をしなさい。(8点×4)

(1) $\sqrt{8}\div\sqrt{3}\times\sqrt{12}$

(2) $4\sqrt{3}-\dfrac{15}{\sqrt{3}}+\sqrt{27}$

(3) $\sqrt{24}-\sqrt{6}(\sqrt{3}-4)$

(4) $(\sqrt{5}+3)^2-\sqrt{20}$

4 $a=\sqrt{3}+\sqrt{2}$, $b=\sqrt{3}-\sqrt{2}$ のとき, a^2+ab+b^2 の値を求めなさい。

(8点)

月　日

25 1次方程式 ①

1 次のア～エの方程式の中で，$x=2$ が解となるものをすべて選びなさい。（8点）

ア $3x+3=x+6$　**イ** $3x=2x+2$　**ウ** $2x-3=4x+1$　**エ** $6-x=10-3x$

2 次の方程式を解きなさい。（6点×6）

(1) $x-8=15$

(2) $x+15=12$

(3) $6x=-12$

(4) $0.1x=2$

(5) $2x=\frac{1}{3}$

(6) $\frac{x}{3}=\frac{1}{2}$

3 次の方程式を解きなさい。（7点×8）

(1) $4-3x=10$

(2) $2x-3=-5$

(3) $4x-3=5+3x$

(4) $2x+7=4-x$

(5) $8x-9=2x+15$

(6) $4-7x=-3x+8$

(7) $9y-80=6y+70$

(8) $3t-1000=1400+9t$

1次方程式 ②

1 次の方程式を解きなさい。（5点×4）

(1) $7x-4=3(x-4)$

(2) $5x-1=3(2-x)+9$

(3) $-10x-4=-4(-2+3x)$

(4) $4x+3(2x-3)=19x$

2 次の方程式を解きなさい。（8点×8）

(1) $1.5x+2.6=0.8x-2.3$

(2) $1.2x-2.8=0.6x-1$

(3) $\frac{x}{2}+1=3-\frac{x}{3}$

(4) $\frac{1}{2}x-4=10-\frac{2}{3}x$

(5) $2.5x-0.8=3(x-0.1)$

(6) $\frac{1}{2}(x-3)=x+5$

(7) $\frac{x+5}{2}=2x+4$

(8) $\frac{3x-1}{5}=\frac{x+3}{2}$

3 次の比例式を解きなさい。（8点×2）

(1) $5:3=25:x$

(2) $(x-2):21=3:7$

連立方程式 ①

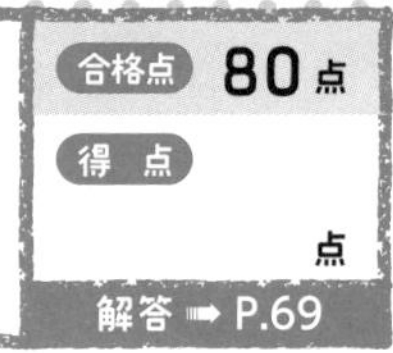

1 次の**ア**〜**ウ**の組の中で，連立方程式 $\begin{cases} 2x+5y=-9 \\ 3x-y=-5 \end{cases}$ の解であるものを選びなさい。（8点）

ア $x=2,\ y=1$　　**イ** $x=-2,\ y=-1$　　**ウ** $x=3,\ y=-2$

2 次の連立方程式を加減法で解きなさい。（11点×4）

(1) $\begin{cases} x+2y=5 \\ 3x-2y=7 \end{cases}$

(2) $\begin{cases} 7x+2y=-9 \\ 3x+y=-1 \end{cases}$

(3) $\begin{cases} 2x-y=3 \\ -x-2y=-4 \end{cases}$

(4) $\begin{cases} 4x-3y=-1 \\ -7x+5y=3 \end{cases}$

3 次の連立方程式を代入法で解きなさい。（12点×4）

(1) $\begin{cases} 7x-3y=16 \\ y=5x \end{cases}$

(2) $\begin{cases} y=1-x \\ 2x+3y=0 \end{cases}$

(3) $\begin{cases} x=-y+5 \\ 2x-y=-26 \end{cases}$

(4) $\begin{cases} 2x-3y=13 \\ 3y=-x-7 \end{cases}$

28 連立方程式 ②

解答 ➡ P.69

1 次の連立方程式を解きなさい。（13点×4）

(1) $\begin{cases} 3x+2(y-2)=6 \\ -(x-1)+5y=-8 \end{cases}$

(2) $\begin{cases} 2(2x-y)=6 \\ 3(3x+y)=6 \end{cases}$

(3) $\begin{cases} x+2y=1 \\ \dfrac{x}{2}-\dfrac{y}{4}=3 \end{cases}$

(4) $\begin{cases} 0.8x-0.3y=0.9 \\ \dfrac{1}{6}x-\dfrac{1}{2}y=-2 \end{cases}$

2 次の連立方程式を解きなさい。（16点×3）

(1) $5x-y=x-y=1$

(2) $5x-7y=2x-3y+2=-3x+4y+9$

(3) $2(x-1)-3y=4y-(x-1)=10$

月　日

29 2次方程式とその解

合格点 80点
得点 点
解答 ➡ P.69

1 次の**ア**～**カ**の中で，2次方程式であるものをすべて選びなさい。（20点）

ア $x^2+4x+5=0$　**イ** $4x-7=0$　**ウ** $(x-4)(x+2)=0$

エ $x^2+2x+1=x^2$　**オ** $2x^2-3x+1=-3x+4$　**カ** $x^2-6=0$

2 次の**ア**～**カ**の中で，〔　〕の中の数が解である2次方程式をすべて選びなさい。（20点）

ア $x^2-4x+3=0$〔-2〕　**イ** $x^2=9$〔-3〕　**ウ** $x^2+6x-7=0$〔1〕

エ $x^2-8x+16=0$〔-4〕　**オ** $(x-5)^2=0$〔4〕　**カ** $2x^2+2x-1=0$〔2〕

代入してみよう。

3 1，2，3，4，5の中で，2次方程式 $x^2-5x+6=0$ の解であるものをすべて選びなさい。（20点）

4 -2，-1，0，1，2の中で，2次方程式 $x^2+x=0$ の解であるものをすべて選びなさい。（20点）

5 次の**ア**～**カ**の中で，-2 と 1 がともに解である2次方程式をすべて選びなさい。（20点）

ア $x^2-x-2=0$　**イ** $(x-1)(x+2)=0$　**ウ** $x^2+x-2=0$

エ $(x+1)(x+2)=0$　**オ** $x^2-x+2=0$　**カ** $x^2+3x+2=0$

月　日

30 2次方程式の解き方 ①

合格点 80点

得点　　点

解答 ➡ P.70

1 次の2次方程式を解きなさい。(6点×4)

(1) $(x+2)(x+5)=0$

(2) $(x-6)(x+3)=0$

(3) $x(x-7)=0$

(4) $(x-4)(x-9)=0$

2 次の2次方程式を解きなさい。(6点×8)

(1) $x^2-4x-12=0$

(2) $x^2+8x+16=0$

(3) $x^2-49=0$

(4) $2x^2+4x-6=0$

(5) $2x^2-8=0$

(6) $x^2-4x=-3$

(7) $2x^2-4x=16$

(8) $x^2+8x=-2x-25$

3 次の2次方程式を解きなさい。(7点×4)

(1) $x(x+4)=5$

(2) $(x-3)(x-2)=20$

(3) $(x+9)(x+4)=x$

(4) $(x+3)^2=2x+9$

2次方程式の解き方 ②

1 次の２次方程式を解きなさい。(6点×6)

(1) $x^2=6$

(2) $x^2-16=0$

(3) $4x^2=25$

(4) $2x^2-6=0$

(5) $3x^2-21=0$

(6) $2x^2+5=15$

2 次の２次方程式を解きなさい。(8点×8)

(1) $(x-3)^2=5$

(2) $(x+4)^2=16$

(3) $(2x-6)^2=12$

(4) $(x-2)^2-5=0$

(5) $(x+7)^2-9=0$

(6) $(x-6)^2-8=0$

(7) $(x-3)^2-12=0$

(8) $(x+4)^2-18=0$

2次方程式の解き方 ③

1 次の因数分解において，□にあてはまる正の数を求めなさい。（8点×4）

(1) $x^2+4x+\square=(x+\square)^2$

(2) $x^2-6x+\square=(x-\square)^2$

(3) $x^2-10x+\square=(x-\square)^2$

(4) $x^2+8x+\square=(x+\square)^2$

2 次の２次方程式を $(x+a)^2=b$ の形にして解きなさい。（8点×4）

(1) $x^2-4x-7=0$

(2) $x^2+2x-5=0$

(3) $x^2+10x-5=0$

(4) $x^2-8x-10=0$

3 次の２次方程式を解の公式を使って解きなさい。（6点×6）

(1) $x^2+8x-2=0$

(2) $x^2-6x+1=0$

(3) $x^2+3x+1=0$

(4) $x^2+5x+2=0$

(5) $2x^2-3x-1=0$

(6) $3x^2+2x-2=0$

33 まとめテスト ③

合格点 80点
得点　　点

解答 ➡ P.71

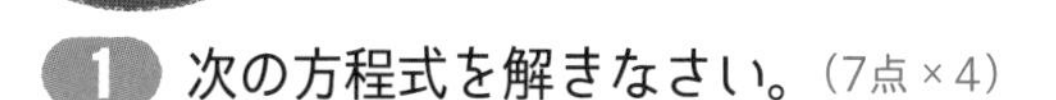

1 次の方程式を解きなさい。（7点×4）

(1) $5x-3=7x+1$

(2) $7(x-2)=4(x-5)$

(3) $0.4x-1=0.2x-1.6$

(4) $\dfrac{x-1}{3}=\dfrac{x+2}{2}$

2 比例式 $x:15=2:6$ を解きなさい。（8点）

3 次の連立方程式を解きなさい。（8点×4）

(1) $\begin{cases} x=2y+5 \\ y=x-3 \end{cases}$

(2) $\begin{cases} 3x-4y=-11 \\ 2x+3y=4 \end{cases}$

(3) $\begin{cases} x-y=4 \\ \dfrac{8}{100}x+\dfrac{9}{100}y=1 \end{cases}$

(4) $-x-2y=x+3y=-1$

4 次の2次方程式を解きなさい。（8点×4）

(1) $(x+5)^2=6$

(2) $x^2+2x-4=0$

(3) $x^2-16x+64=0$

(4) $(x-5)(x-1)=-x+1$

比例・反比例の式

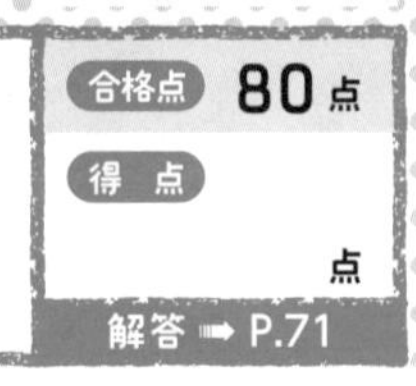

1 y が x に比例し，対応する x，y の値が下の表のようになるとき，次の問いに答えなさい。

x	…	-2	0	2	4	6	8	…
y	…			3	6			…

(1) y を x の式で表しなさい。（10点）

(2) 上の表の空らんをうめなさい。（5点×4）

(3) x の変域が $-2 \leqq x \leqq 20$ のとき，対応する y の変域を求めなさい。（10点）

2 y が x に反比例し，対応する x，y の値が下の表のようになるとき，次の問いに答えなさい。

x	…	-3	-2	-1	0	1	2	3	…
y	…	8			╳	-24			…

(1) y を x の式で表しなさい。（10点）

(2) 上の表の空らんをうめなさい。（5点×4）

(3) 比例定数を答えなさい。（10点）

3 y が x に比例し，$x=4$ のとき $y=-12$ です。比例定数と，y が 18 のときの x の値を求めなさい。（10点×2）

1次関数の式

1 次の1次関数の式を求めなさい。（20点×3）

(1) 変化の割合が3で，$x=2$ のとき $y=1$ である1次関数

(2) グラフが点 $(4,\ -1)$ を通り，傾きが $\frac{1}{2}$ である1次関数

(3) x の増加量が2のとき y の増加量が4で，$x=4$ のとき $y=-3$ である1次関数

2 次の1次関数の式を求めなさい。（20点×2）

(1) $x=2$ のとき $y=3$，$x=4$ のとき $y=5$ である1次関数

(2) グラフが2点 $(0,\ 5)$，$(-3,\ 2)$ を通る1次関数

1 次の x, y の関係について，y を x の式で表しなさい。また，y が x の2乗に比例するものに○，そうでないものに×をつけなさい。（10点×4）

(1) 半径が x cm の円の面積 y cm^2

(2) 1辺が x cm の立方体の体積 y cm^3

(3) 底面が1辺 x cm の正方形で，高さが6 cm の直方体の体積 y cm^3

(4) 底辺が x cm，高さが10 cm の三角形の面積 y cm^2

2 関数 $y=2x^2$ について，次の問いに答えなさい。

(1) 次の表の空らんをうめなさい。（5点×4）

x	…	0	1	2	3	4	5	6	…
y	…	0				32	50		…

(2) x の値が3倍になると，y の値は何倍になりますか。（10点）

3 y は x の2乗に比例し，x, y の値が次のとき，y を x の式で表しなさい。（15点×2）

(1) $x=4$ のとき，$y=48$

(2) $x=-6$ のとき，$y=-24$

月　日

37 関数 $y=ax^2$ の変域

1 関数 $y=3x^2$ について，x の変域が次のときの y の変域を求めなさい。

（10点 × 2）

(1) $2 \leqq x \leqq 5$

(2) $-3 \leqq x \leqq 2$

2 関数 $y=-4x^2\ (-3 \leqq x \leqq 4)$ について，次の問いに答えなさい。

（20点 × 2）

(1) y の値が最大になるときの x の値と，そのときの y の値を求めなさい。

(2) y の値が最小になるときの x の値と，そのときの y の値を求めなさい。

3 関数 $y=ax^2$ について，x の変域が $-2 \leqq x \leqq 4$ のとき，y の変域は $0 \leqq y \leqq 6$ です。このとき，a の値を求めなさい。（20点）

4 関数 $y=x^2$ について，x の変域が $a \leqq x \leqq 1$ のとき，y の変域は $b \leqq y \leqq 4$ です。このとき，a，b の値を求めなさい。（20点）

38 関数 $y=ax^2$ の変化の割合

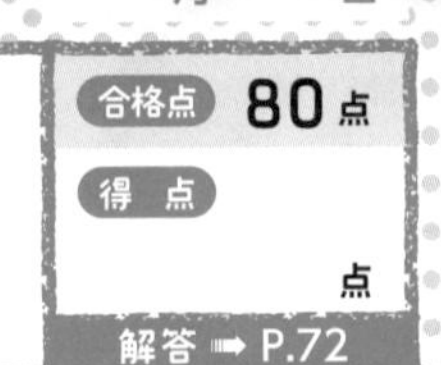

解答➡P.72

1 関数 $y=3x^2$ について，x の値が次のように増加するときの変化の割合を求めなさい。（15点×3）

(1) 0 から 3 まで

(2) 1 から 4 まで

変化の割合$=\dfrac{y\text{の増加量}}{x\text{の増加量}}$

(3) -3 から -1 まで

2 関数 $y=-\dfrac{1}{2}x^2$ について，x の値が 2 から 4 まで増加するときの変化の割合を求めなさい。（15点）

3 関数 $y=ax^2$ について，x の値が 2 から 5 まで増加するときの変化の割合は 28 です。このとき，a の値を求めなさい。（20点）

4 関数 $y=ax^2$ について，x の値が -2 から 0 まで増加するときの変化の割合が 1 次関数 $y=-3x-4$ の変化の割合と等しくなるとき，a の値を求めなさい。（20点）

39 まとめテスト④

得点　　点

解答 ➡ P.72

1 y が x に反比例し，$x=-6$ のとき $y=6$ です。y が 9 のときの x の値を求めなさい。（10点）

2 グラフが次のような直線になるとき，その1次関数の式を求めなさい。（15点 × 2）

(1) 傾きが 2 で，点 $(1,\ 4)$ を通る。

(2) 2 点 $(-1,\ 1)$，$(1,\ 3)$ を通る。

3 次の問いに答えなさい。（20点 × 3）

(1) y は x の 2 乗に比例し，$x=3$ のとき $y=3$ です。このとき，y を x の式で表しなさい。

(2) 関数 $y=-\dfrac{2}{3}x^2$ について，x の変域が $3\leqq x\leqq 6$ のときの y の変域を求めなさい。

(3) 関数 $y=ax^2$ について，x の値が 1 から 3 まで増加するときの変化の割合は 12 です。このとき，a の値を求めなさい。

40 おうぎ形の弧の長さと面積

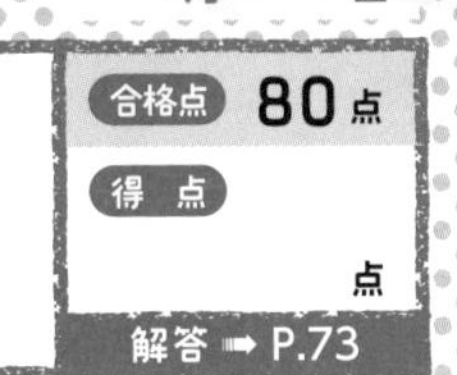

1 次のおうぎ形の弧(こ)の長さと面積をそれぞれ求めなさい。(10点×4)

(1)

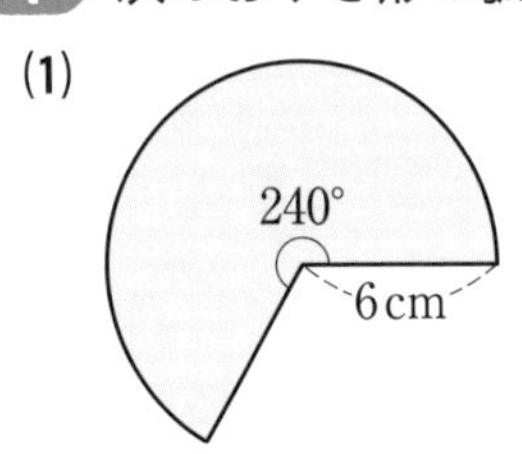

(2)

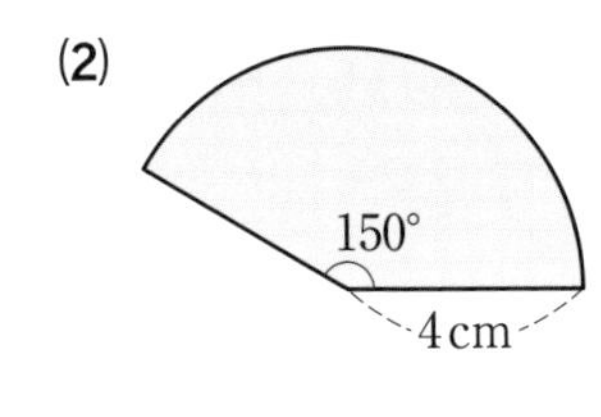

2 半径 9 cm，弧の長さ 2π cm のおうぎ形の中心角と面積を求めなさい。(10点×2)

3 半径 8 cm，面積 24π cm^2 のおうぎ形の中心角と弧の長さを求めなさい。(10点×2)

4 右の図で，色のついた部分のまわりの長さと面積を求めなさい。(10点×2)

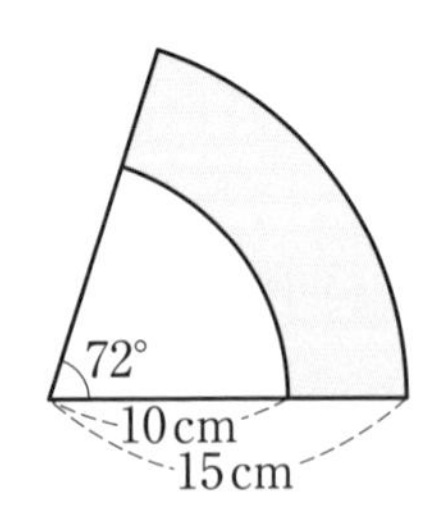

41 立体の表面積と体積 ①

解答 ➡ P.73

1 次の六角柱，円柱，四角柱の体積を求めなさい。（10点×3）

(1)

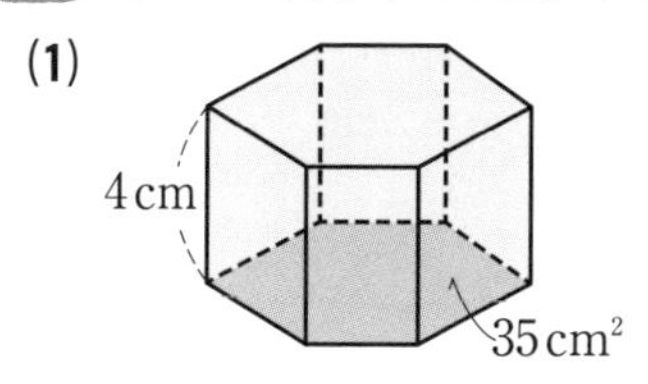

(2)

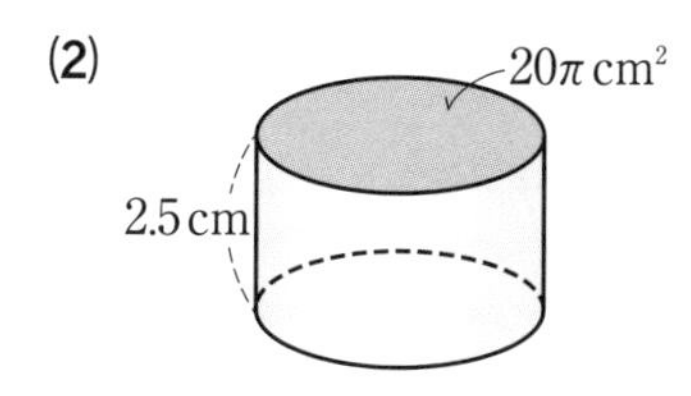

(3)

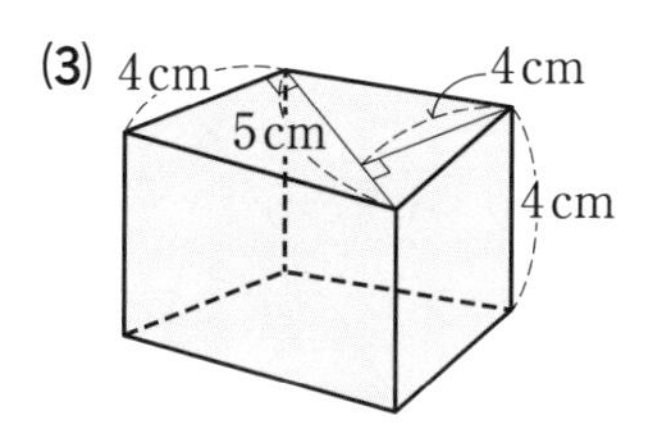

2 次の三角柱と円柱について，表面積と体積をそれぞれ求めなさい。

（14点×4）

(1)

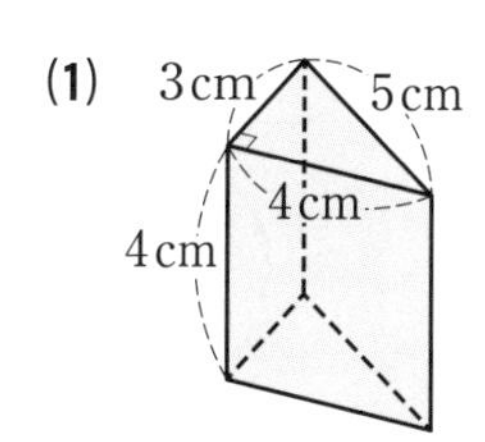

(2)

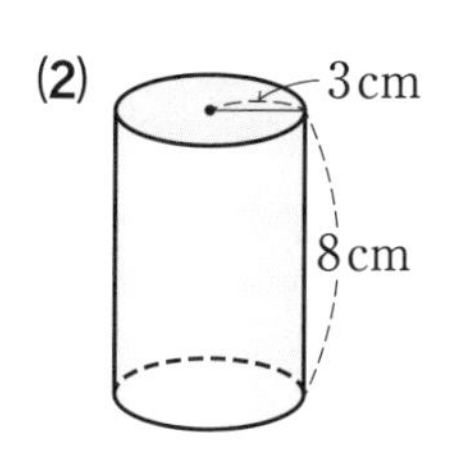

3 右の直方体の表面積を $S\,\mathrm{cm}^2$ とするとき，

S を a の式で表しなさい。（14点）

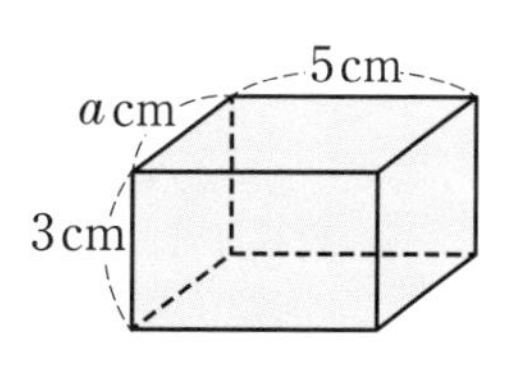

立体の表面積と体積 ②

1 次の三角錐と円錐の体積を求めなさい。（15点 × 2）

(1)

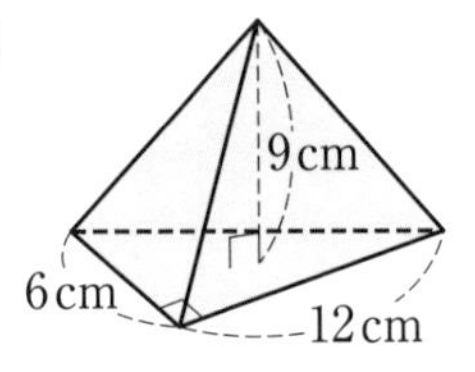

(2)

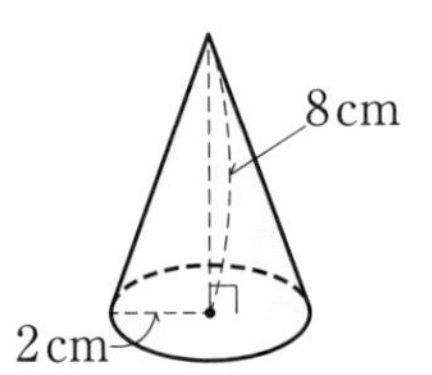

2 右の正四角錐の表面積と体積を求めなさい。

（15点 × 2）

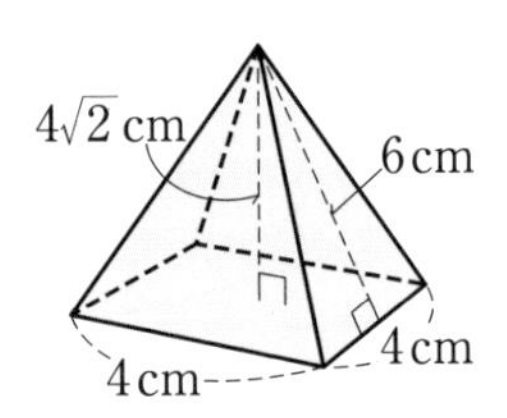

3 右の投影図で表される円錐の体積を求めなさい。

（20点）

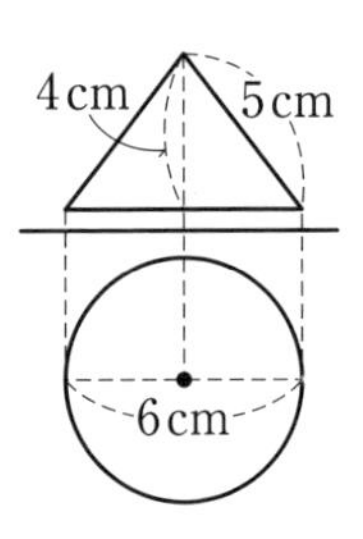

4 右の展開図を組み立ててできる立体の表面積を求めなさい。（20点）

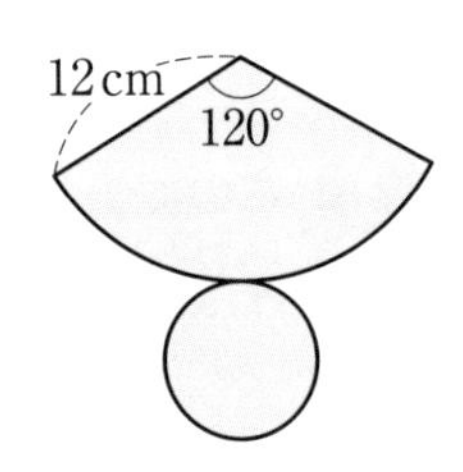

立体の表面積と体積 ③

1 次の球と半球について，表面積と体積をそれぞれ求めなさい。（10点×4）

(1)

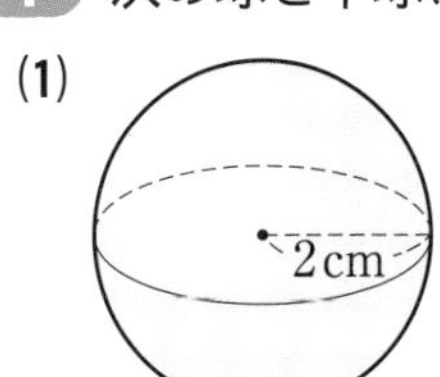

(2)

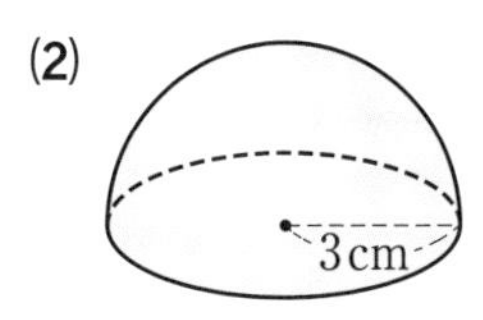

2 右の図のように，半径6cmの球について，中心を通る面で$\frac{1}{4}$だけ切り取った立体の表面積と体積を求めなさい。（15点×2）

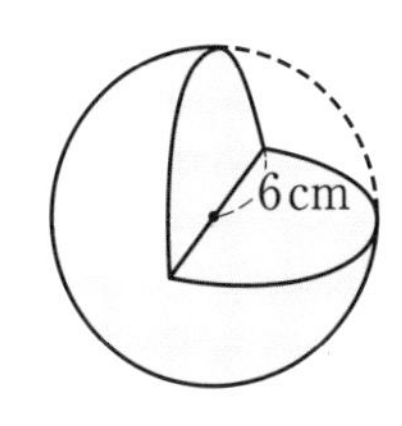

3 次の立体の体積を求めなさい。（15点×2）

(1) 右の長方形を，辺ABを軸（じく）として1回転させてできる立体。

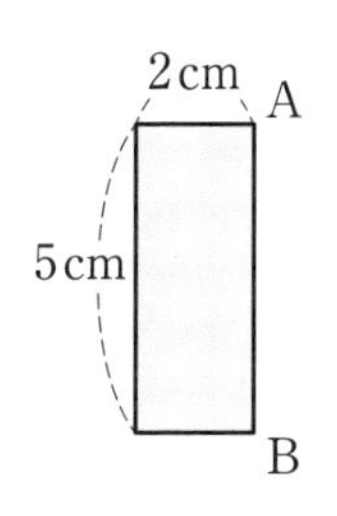

(2) 右の直角三角形を，直線ℓを軸として1回転させてできる立体。

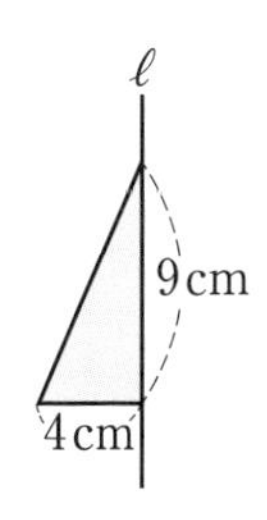

平行線と角

1 次の図で，$\ell /\!/ m$ のとき，$\angle x$，$\angle y$ の大きさを求めなさい。（10点 × 3）

(1)

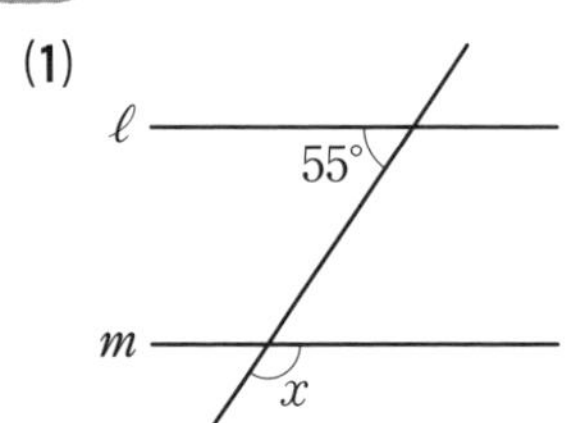

(2)

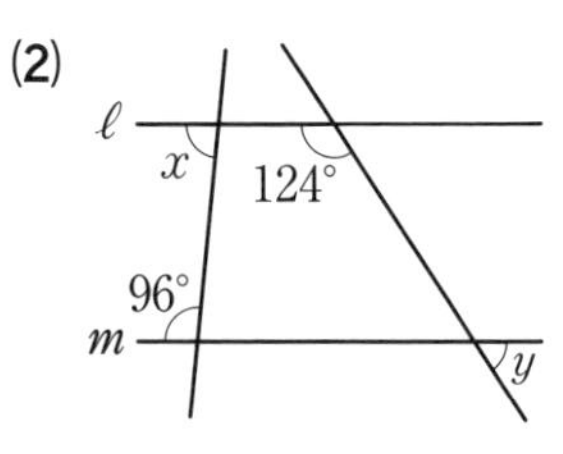

2 次の図で，$\ell /\!/ m$ のとき，$\angle x$ の大きさを求めなさい。（15点 × 4）

(1)

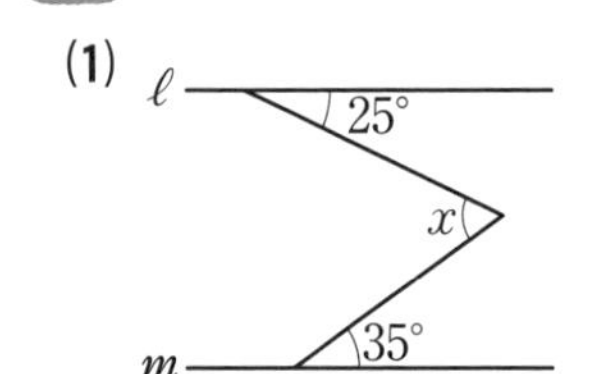

(2)

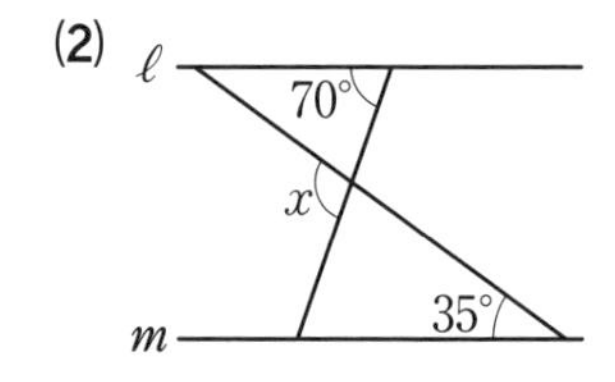

(3)

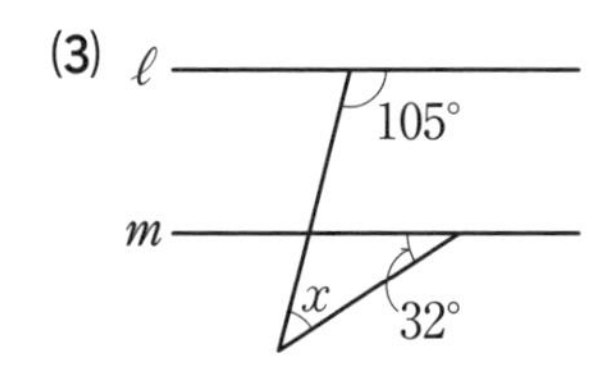

(4)

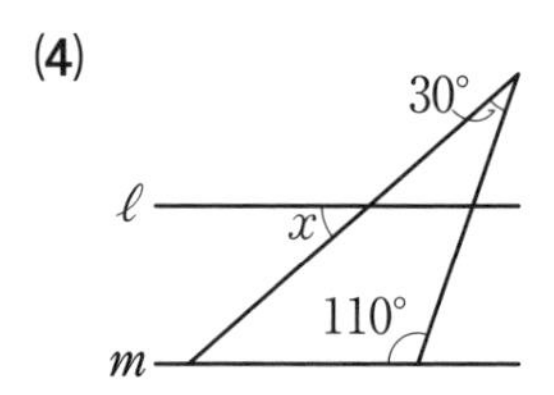

3 右の図で，$\ell /\!/ m$ のとき，$\angle x$ の大きさを求めなさい。（10点）

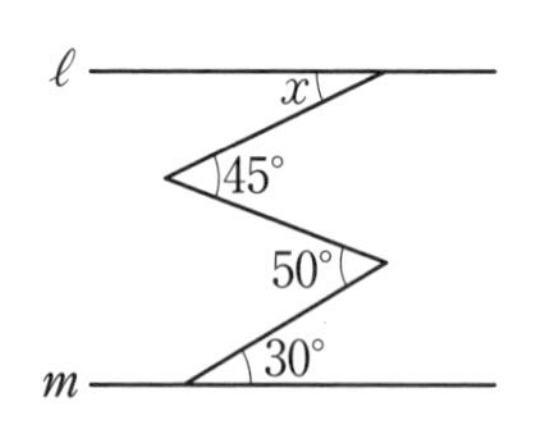

月　　日

多角形の角

1 次の図で，$\angle x$ の大きさを求めなさい。(12点 × 6)

(1)

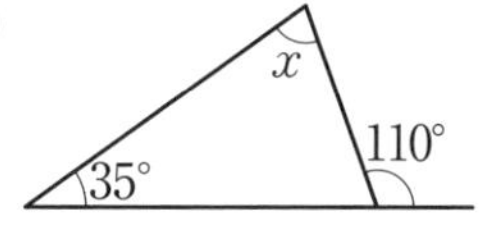

(2)

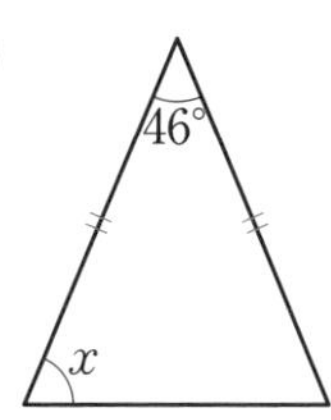

(3)

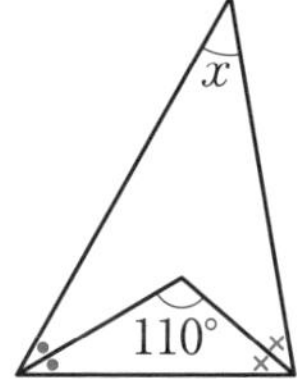

(4)

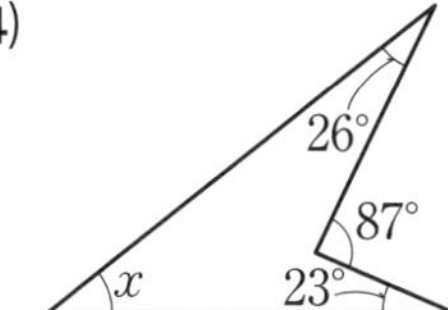

(5)

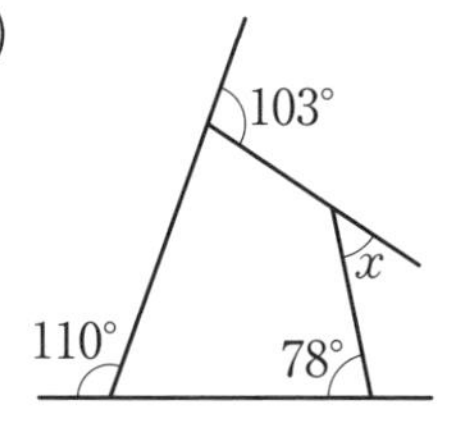

(6)

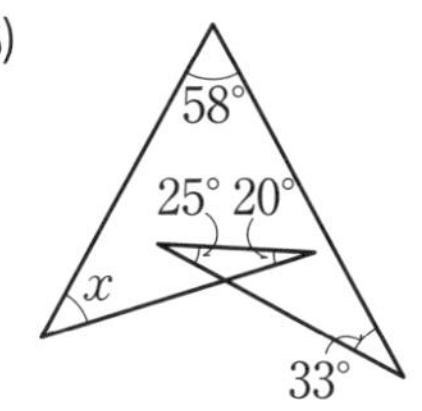

2 次の問いに答えなさい。(14点 × 2)

(1) 八角形の内角の和を求めなさい。

n 角形の内角の和は
$180° \times (n-2)$

(2) 1つの外角が 30° である正多角形は正何角形ですか。

1 右のおうぎ形の弧(こ)の長さと面積を求めなさい。

（10点 × 2）

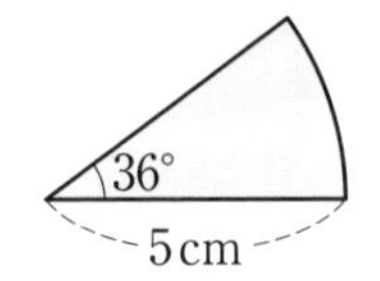

2 次の三角柱と球について，表面積と体積をそれぞれ求めなさい。

（10点 × 4）

(1)

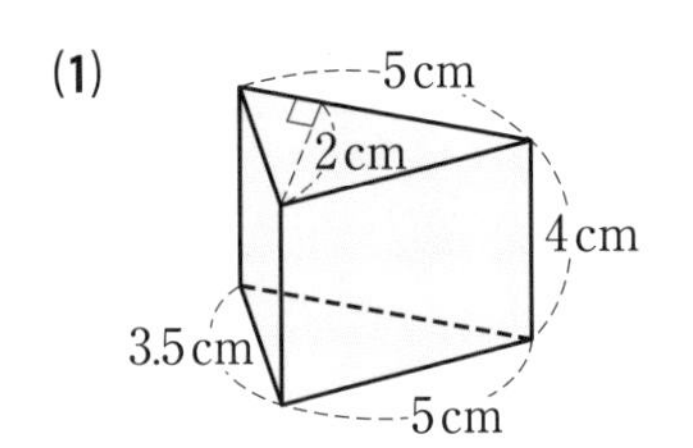

(2)

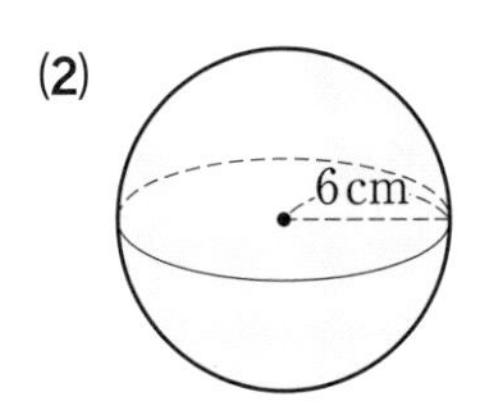

3 右の図で，$\ell /\!/ m$ のとき，$\angle x$，$\angle y$ の大きさを求めなさい。（10点 × 2）

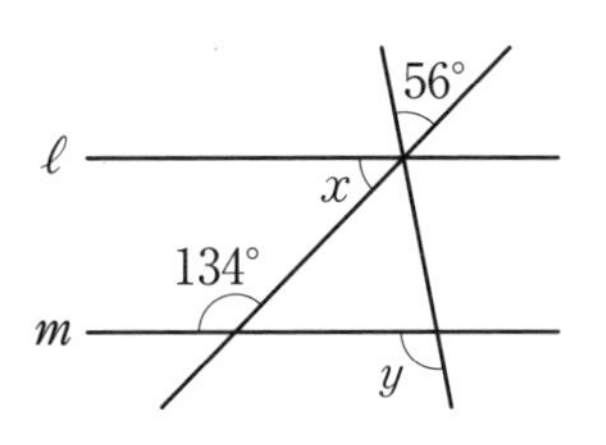

4 次の図で，$\angle x$ の大きさを求めなさい。（10点 × 2）

(1)

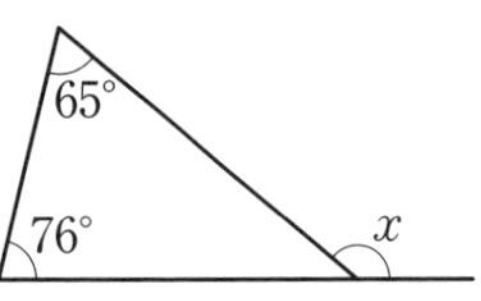

(2)

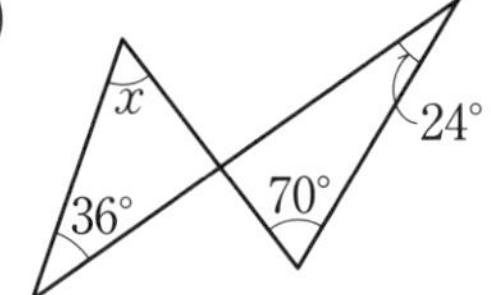

1 下の図で，四角形 ABCD ∽ 四角形 EFGH のとき，次の問いに答えなさい。（16点×3）

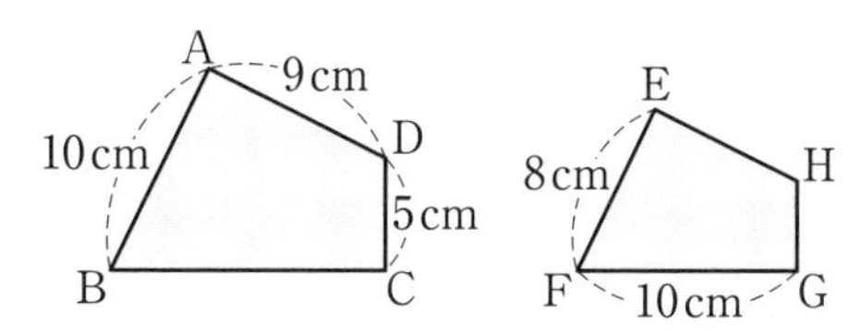

(1) 四角形 ABCD と四角形 EFGH の相似比を求めなさい。

(2) 辺 BC，GH の長さを求めなさい。

2 次の図で，△ABC ∽ △DEF のとき，辺 AB の長さを求めなさい。（16点×2）

(1)

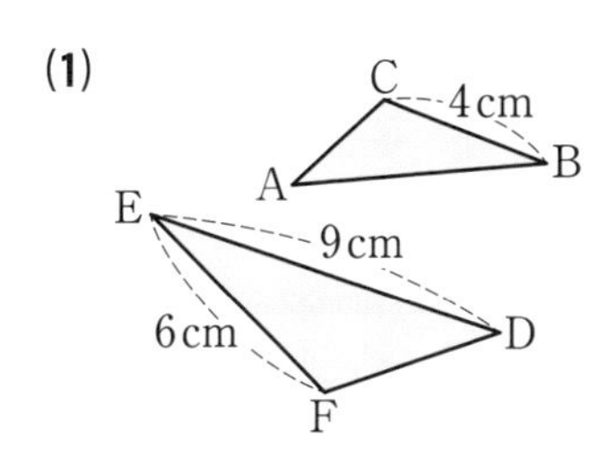

(2)

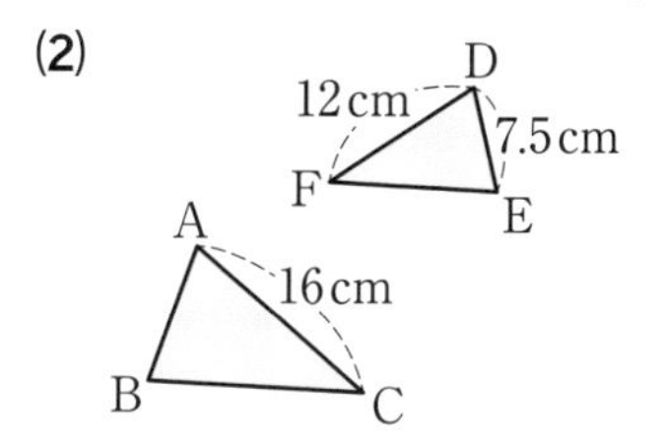

3 右の図のように，長さ 1m の棒 AB の影（かげ） BC の長さが 60cm のとき，木の影 EF の長さを測ったら 5.7m ありました。この木の高さ DE を求めなさい。（20点）

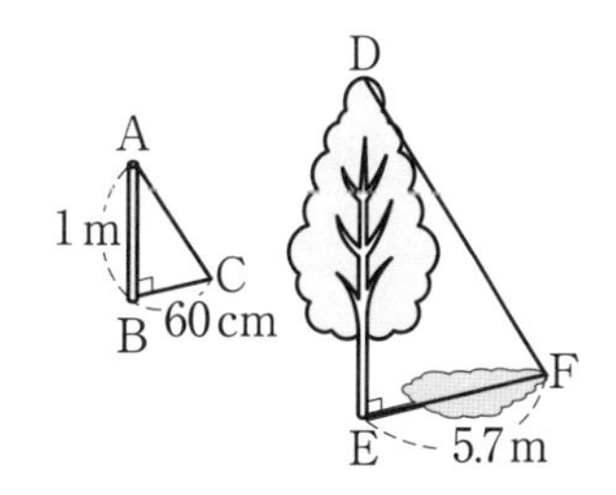

48 三角形と比

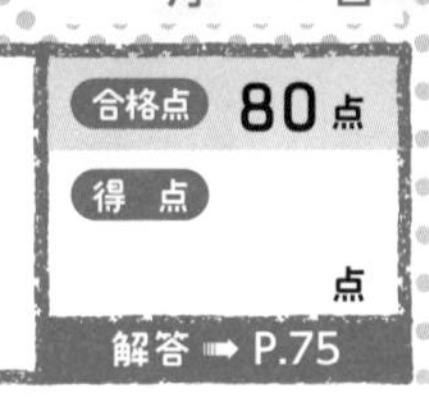

解答 ➡ P.75

1 次の図で，$DE /\!/ BC$ のとき，x，y の値を求めなさい。（8点×8）

(1)

(2)

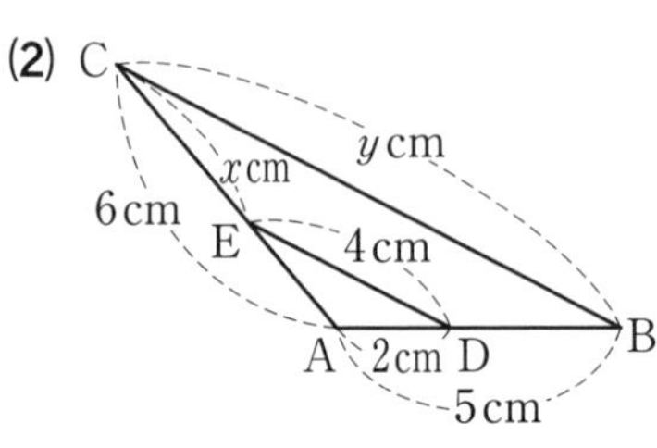

(3)

(4)

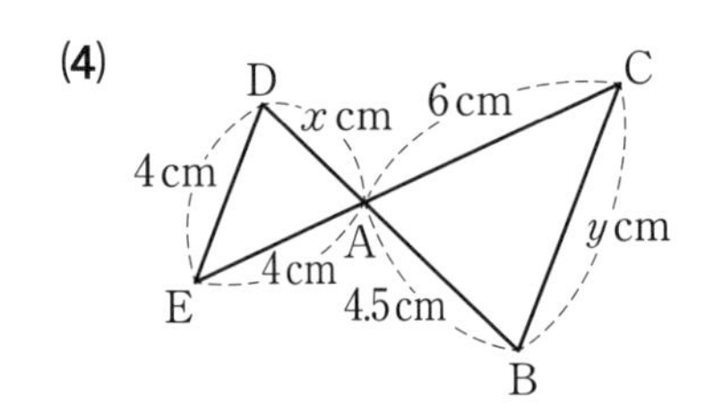

2 次の図の △ABC で，∠A の二等分線と辺 BC との交点を D とするとき，AB：AC＝BD：DC が成り立ちます。このとき，x の値を求めなさい。

（8点×2）

(1)

(2)

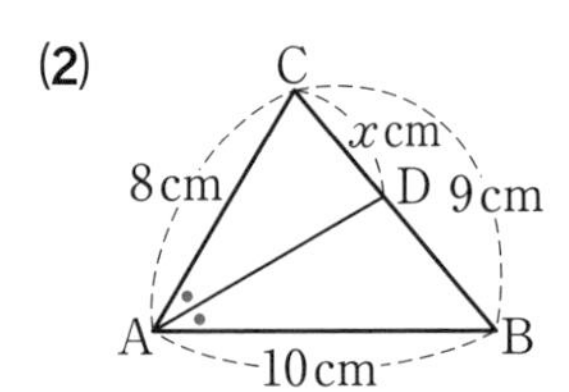

3 右の図で，x，y の値を求めなさい。（10点×2）

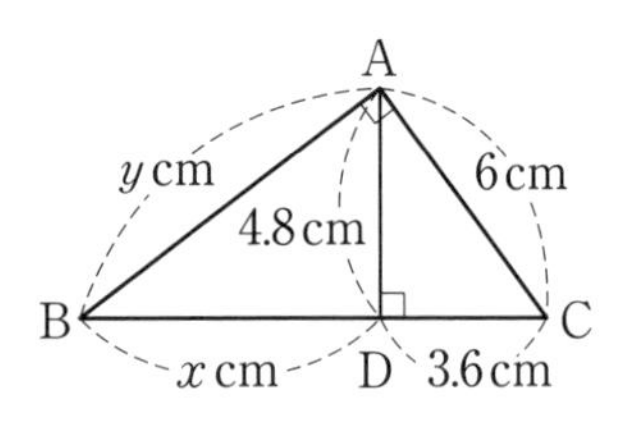

平行線と線分の比

合格点 80点
得点　　点
解答 ➡ P.76

1 次の図で，$\ell /\!/ m /\!/ n$ のとき，x の値を求めなさい。（15点×4）

(1)

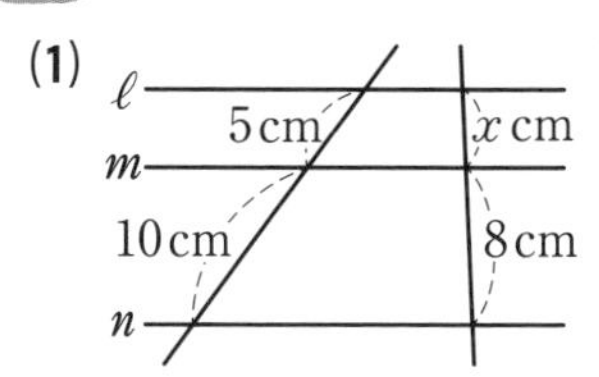

(2)

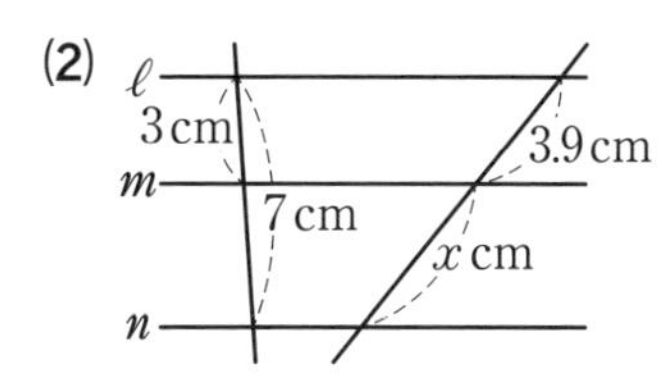

(3)

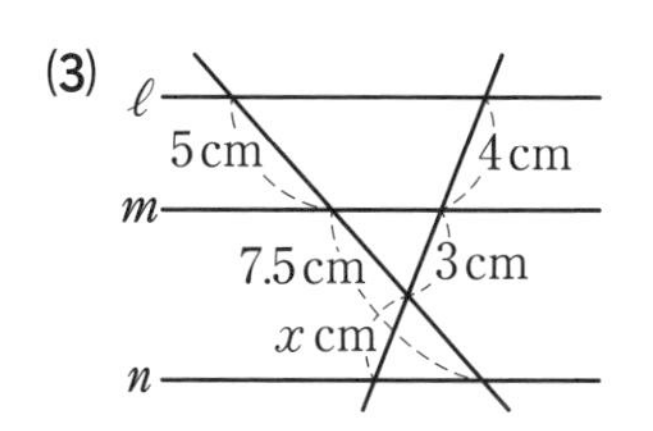

(4)

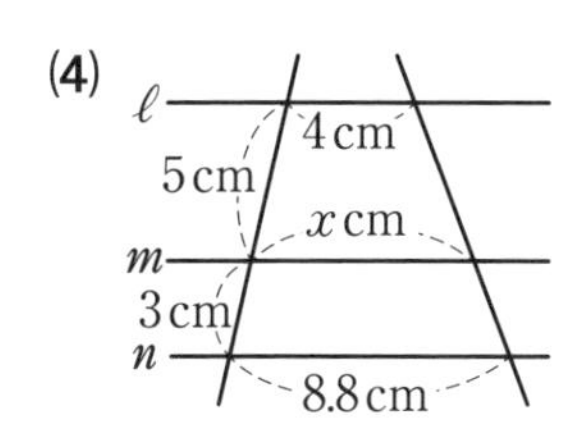

2 右の図で，AB /\!/ EF /\!/ CD のとき，次の問いに答えなさい。（14点×2）

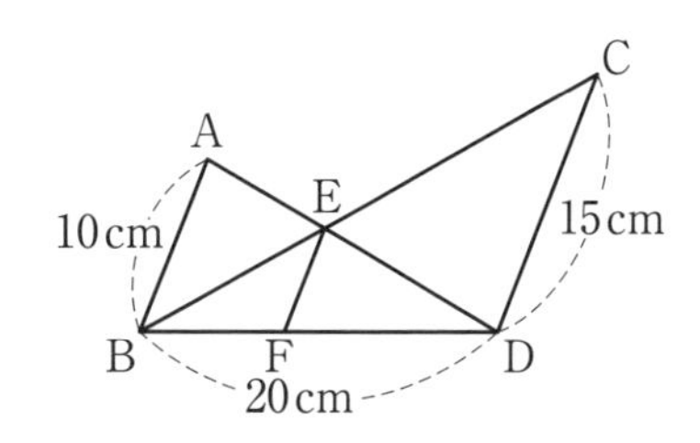

(1) EF の長さを求めなさい。

(2) BF の長さを求めなさい。

3 右の図の台形 ABCD で，M，Q がそれぞれ線分 AB，AC の中点であるとき，PQ の長さを求めなさい。（12点）

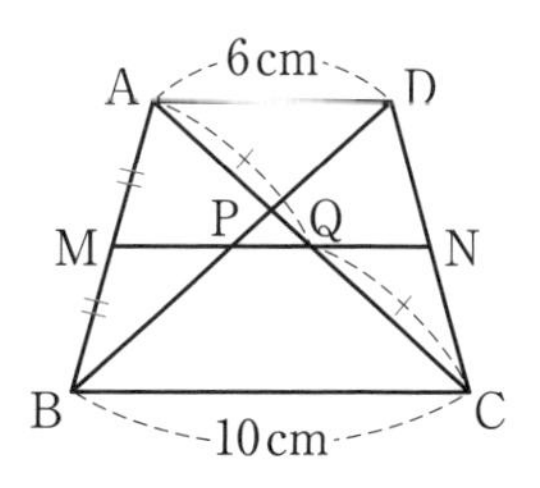

相似な図形の面積比と体積比

1 右の図で，BC∥DE，AD：DB＝3：2 のとき，次の問いに答えなさい。（20点×2）

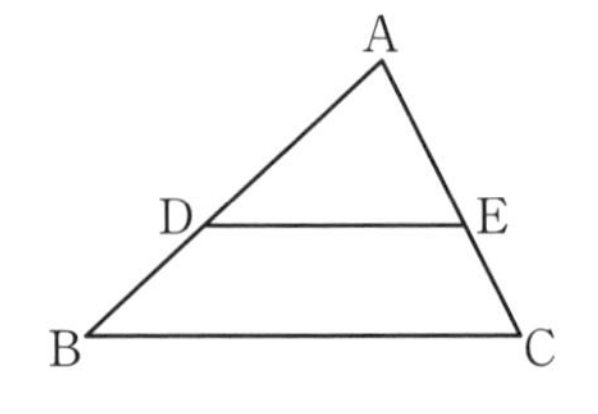

(1) △ABC と △ADE の面積比を求めなさい。

(2) △ADE＝27cm^2 のとき，台形 DBCE の面積を求めなさい。

2 右の図のように相似な2つの円錐（えんすい）P，Q について，次の問いに答えなさい。（20点×2）

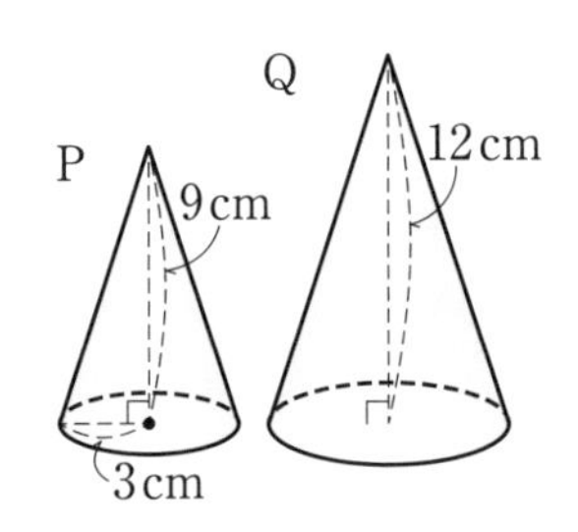

(1) Q の底面積を求めなさい。

(2) P と Q の体積比を求めなさい。

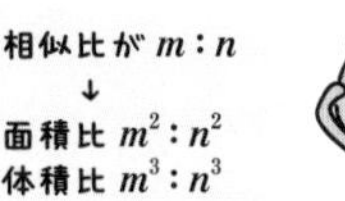

3 相似な2つの円柱 A，B について，A と B の表面積の比が 16：1 であるとき，A と B の体積比を求めなさい。（20点）

51 円周角①

1 次の図で，$\angle x$ の大きさを求めなさい。（10点 × 2）

(1)

37°
x

(2)

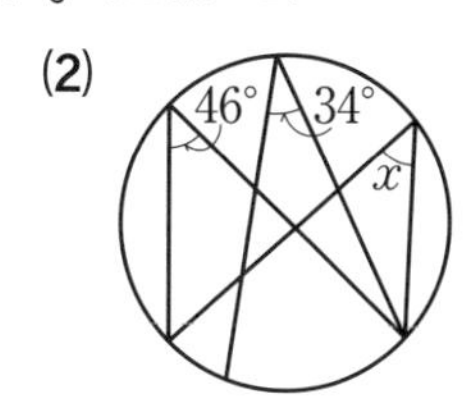

2 次の図で，$\angle x$ の大きさを求めなさい。（15点 × 4）

(1)

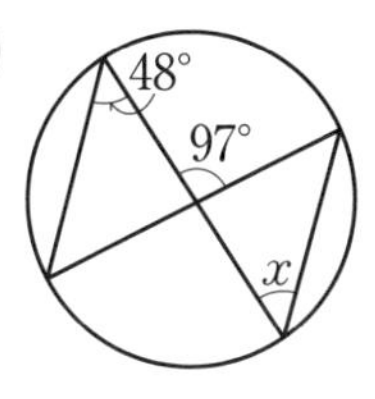

(2)

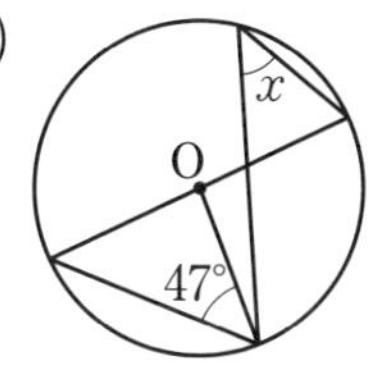

(3)

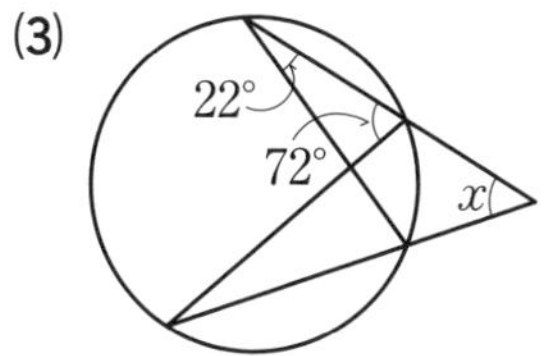

(4)

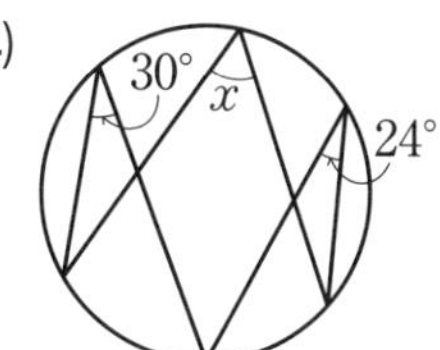

3 次のア～ウの図で，4 点 A, B, C, D が同一円周上にあるものをすべて選びなさい。（20点）

ア

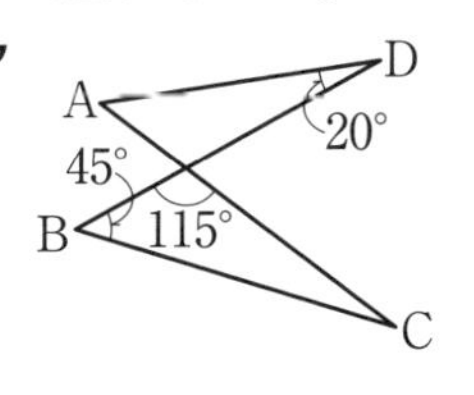

イ

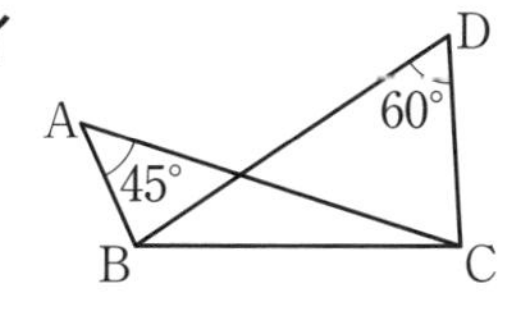

ウ

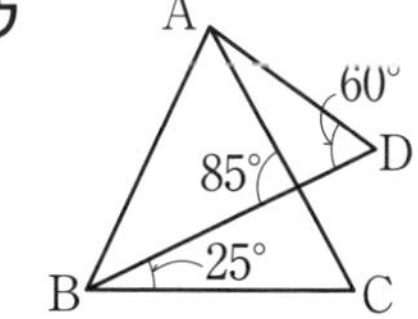

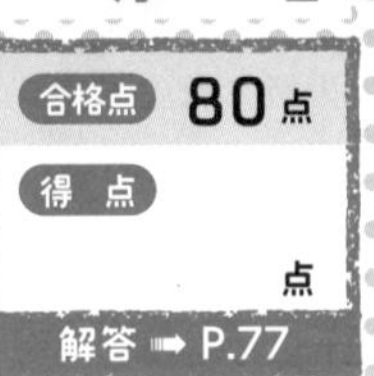

1 次の図で，$\angle x$ の大きさを求めなさい。（10点×4）

(1)

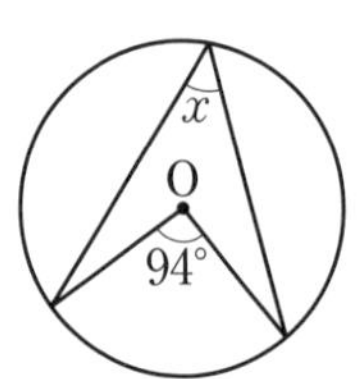

(2)

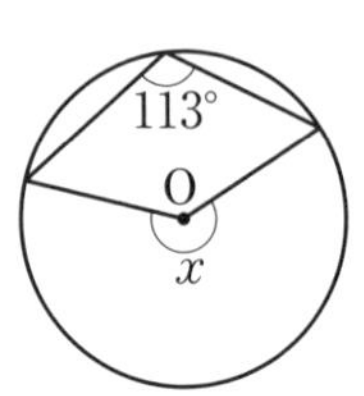

円周角$=\frac{1}{2}\times$中心角

(3)

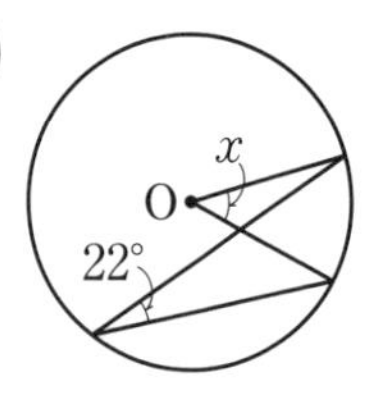

(4)

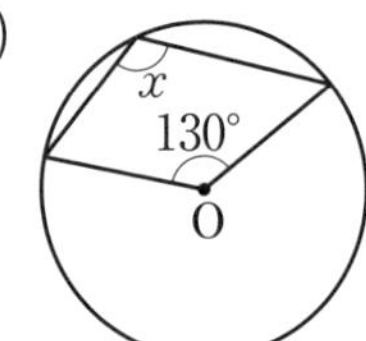

2 次の図で，$\angle x$ の大きさを求めなさい。（15点×4）

(1)

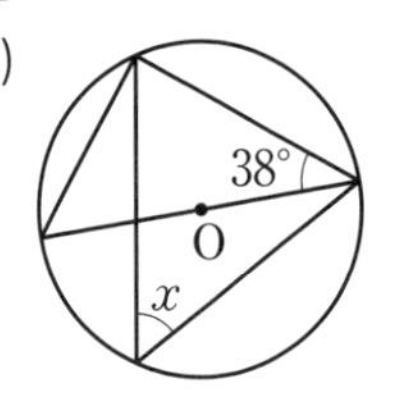

(2)

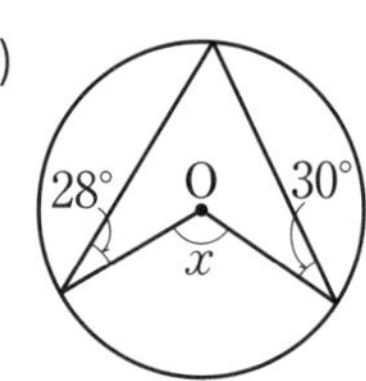

(3)

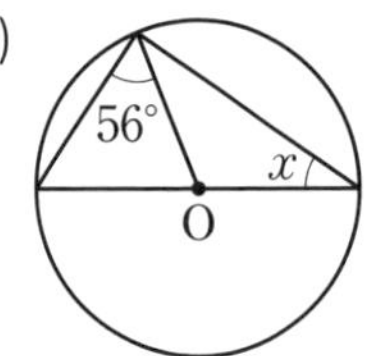

(4)

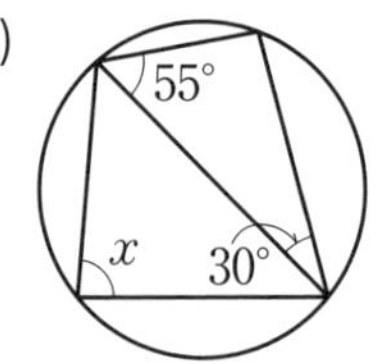

53 三平方の定理

合格点 80点
得点 　点
解答 ➡ P.77

1 次の図で，x の値を求めなさい。（12点×6）

(1)
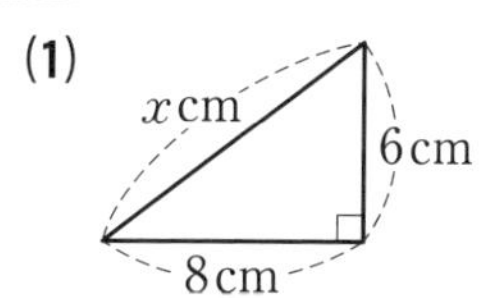

(2)
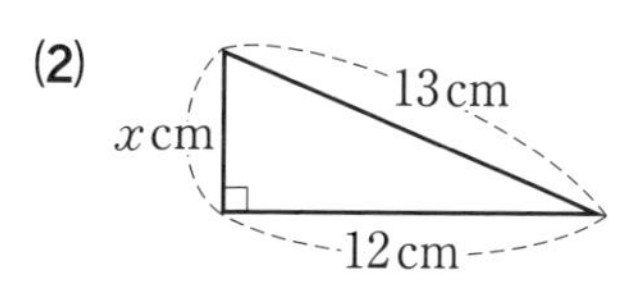

(3)
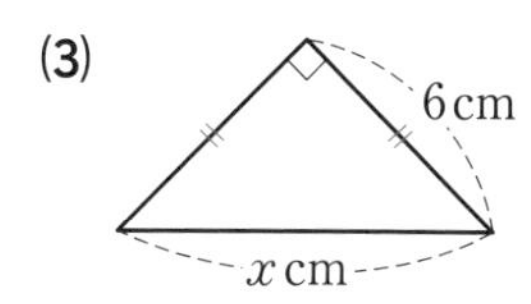

(4)
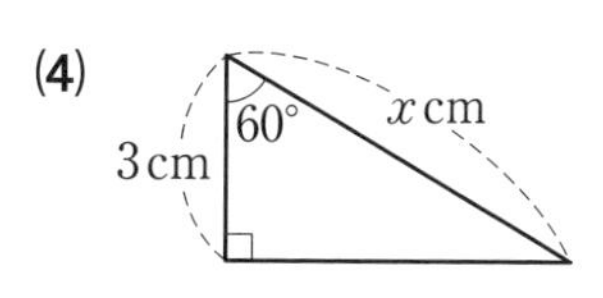

(5)
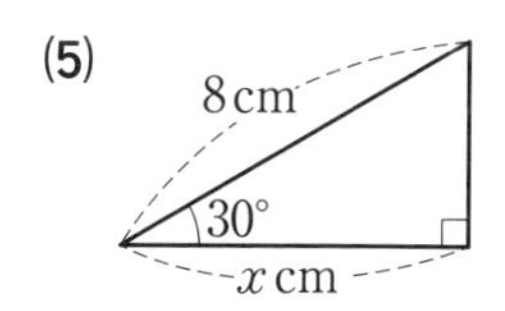

(6)
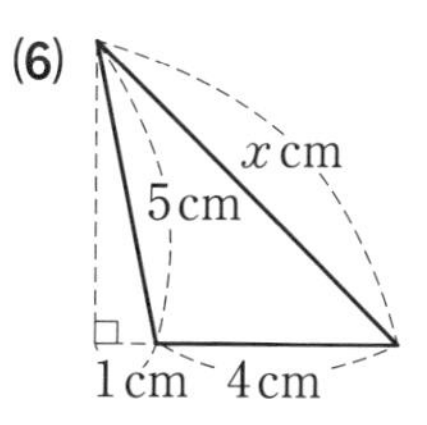

2 次の**ア**～**エ**のそれぞれ3つの長さを三角形の3辺とするとき，直角三角形となるものをすべて選びなさい。（14点）

ア 3 cm，4 cm，5 cm　　**イ** 6 cm，9 cm，12 cm

ウ 2 cm，5 cm，6 cm　　**エ** 3 cm，$\sqrt{11}$ cm，$2\sqrt{5}$ cm

3 2辺の長さが **6 cm，10 cm** である直角三角形で，残りの辺の長さとして考えられるものをすべて求めなさい。（14点）

三平方の定理の利用 ①

1 次の長方形ABCDで，x の値を求めなさい。（12点×2）

(1)

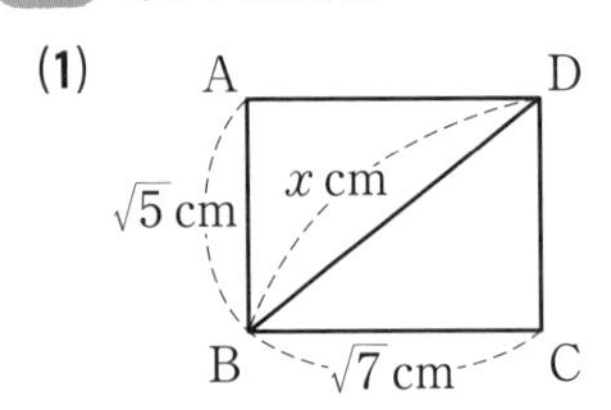

(2)

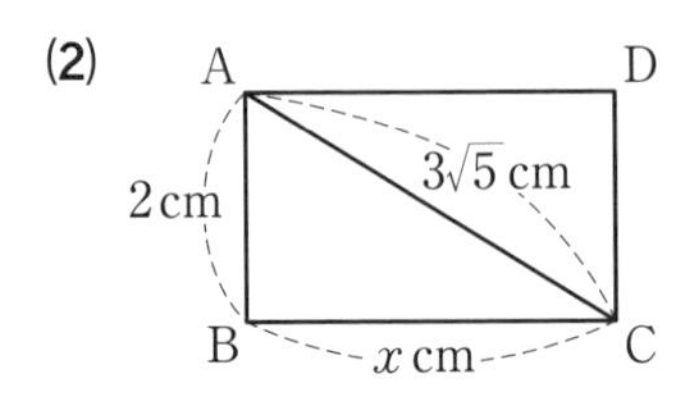

2 次の図で，x の値を求めなさい。（14点×2）

(1)

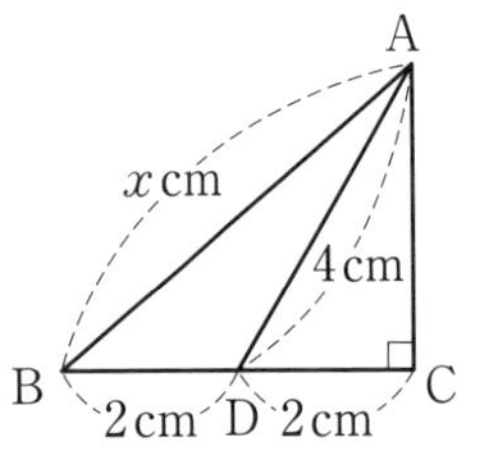

(2)

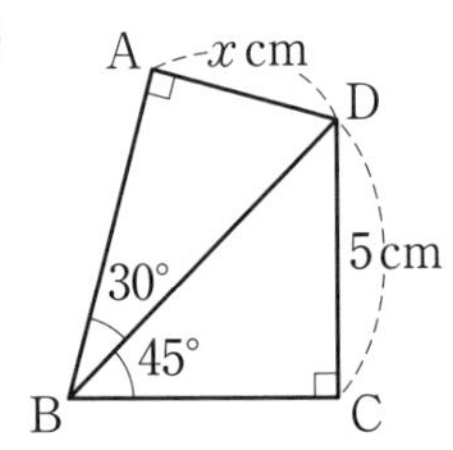

3 次の長さを求めなさい。（12点×4）

(1) 縦が 4 cm，横が 6 cm の長方形の対角線の長さ

(2) 1 辺が 6 cm の正三角形の高さ

(3) 半径が 8 cm の円で，中心からの距離が 4 cm である弦（げん）の長さ

(4) 半径が 10 cm の円で，弦の長さが 12 cm のとき，円の中心と弦との距離（きょり）

月　　日

55 

80点

得点

解答 ➡ P.78

1 次の図形の面積を求めなさい。（14点 × 3）

(1) 1辺が 8 cm の正三角形

(2) 底辺が 4 cm，等しい 2 辺が 6 cm である二等辺三角形

(3) 右の図のような平行四辺形

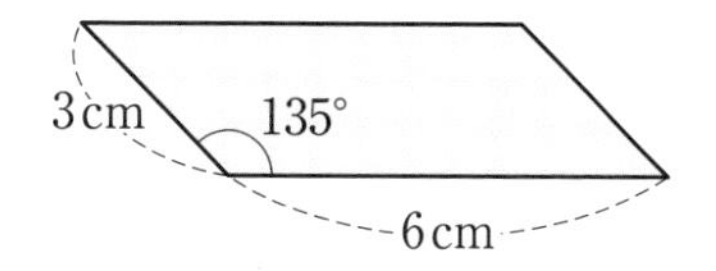

2 右の図で，直線 AB は円 O と点 A で接しており，点 P は線分 OB と円 O の交点です。AB＝8 cm，BP＝6 cm のとき，点 A と点 O を結んでできる △AOB の面積を求めなさい。（16点）

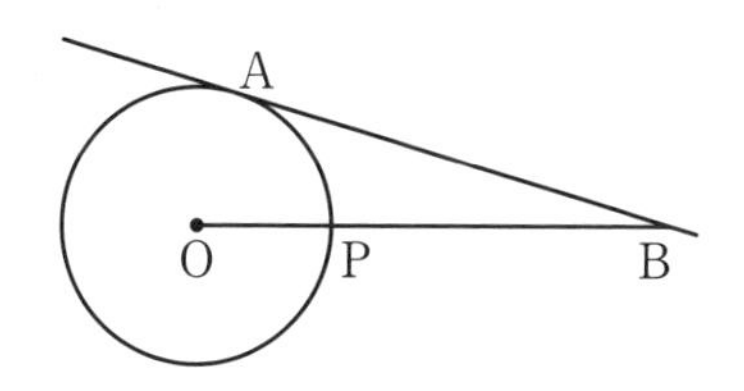

∠OAB＝90°
となることに着目！

3 次の 2 点 A，B 間の距離（きょり）を求めなさい。（14点 × 3）

(1) A(−2, −3)，B(4, 5)

(2) A(2, 2)，B(3, −4)

(3) A(−3, 4)，B(2, −4)

三平方の定理の利用 ③

1 次の長さを求めなさい。(12点×3)

(1) 縦が 6 cm，横が 5 cm，高さが 4 cm の直方体の対角線の長さ

(2) 1 辺が 5 cm の立方体の対角線の長さ

(3) 右の図のような直方体の線分 AB の長さ

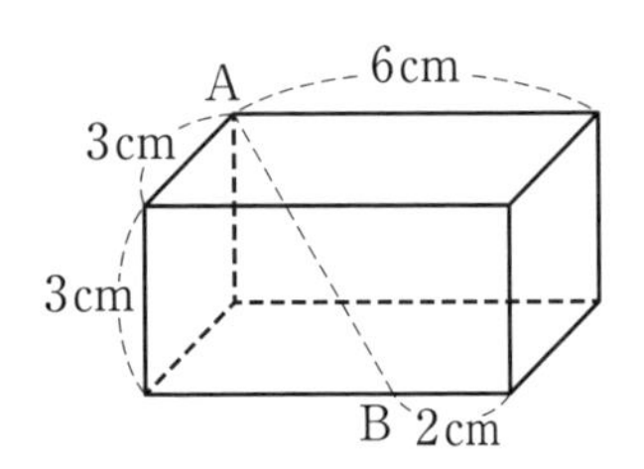

2 次の立体について，高さと体積をそれぞれ求めなさい。(16点×4)

(1) 底面が 1 辺 12 cm の正方形で，他の辺がすべて 10 cm の正四角錐(せいしかくすい)

(2) 右の図のような円錐

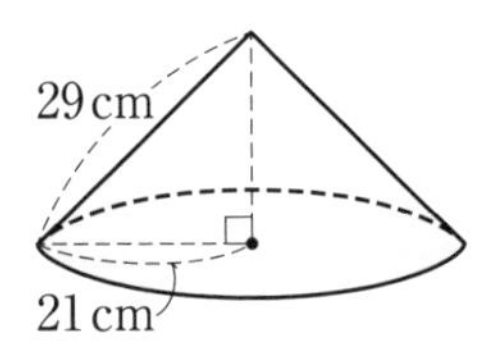

1 次の図は，立体の表面に糸をかけたようすであり，太線は糸を表しています。糸の長さが最短になるとき，糸の長さを求めなさい。（20点×2）

(1) 三角柱

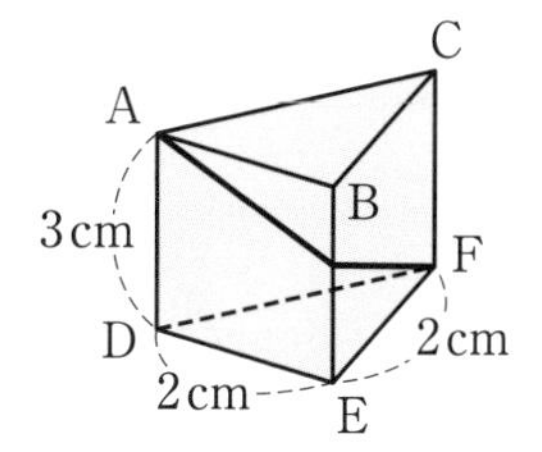

(2) 円錐（えんすい）

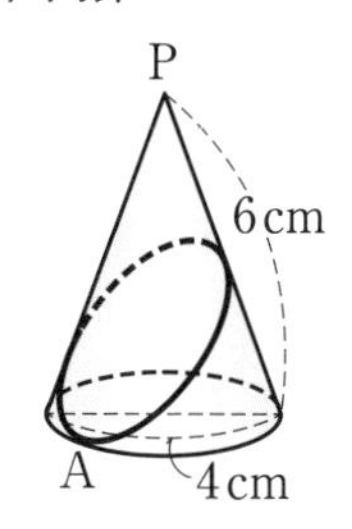

2 右の図の円柱で，△OAB の面積を求めなさい。（20点）

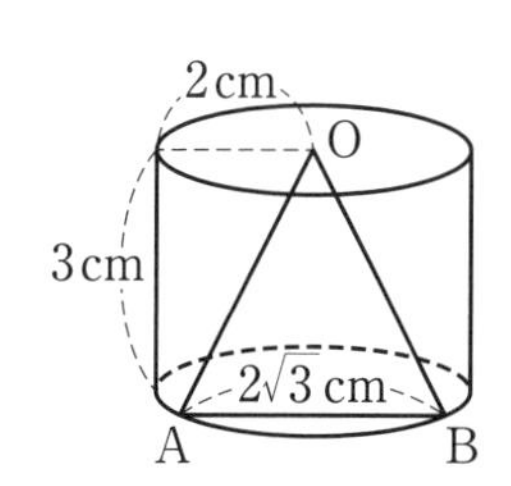

3 次の図の立体を，色のついた部分を切り口とする平面で切ったとき，切り口の面積を求めなさい。（20点×2）

(1) 1 辺が 4 cm の正四面体

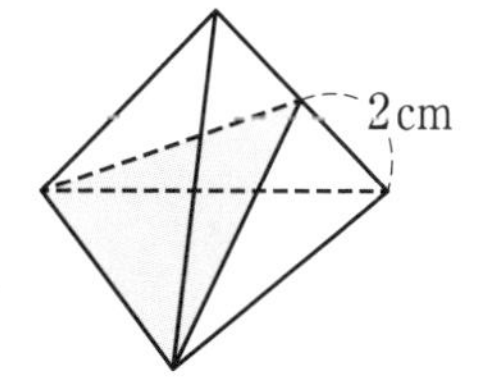

(2) 半径 6 cm の球

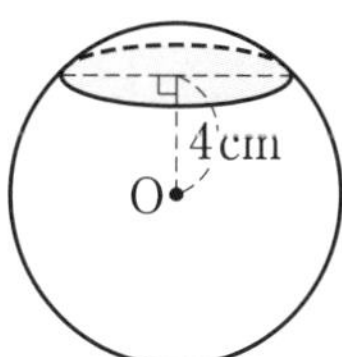

まとめテスト ⑥

解答 ➡ P.79

1 右の図で，$\ell /\!/ m /\!/ n$ のとき，x の値を求めなさい。（10点）

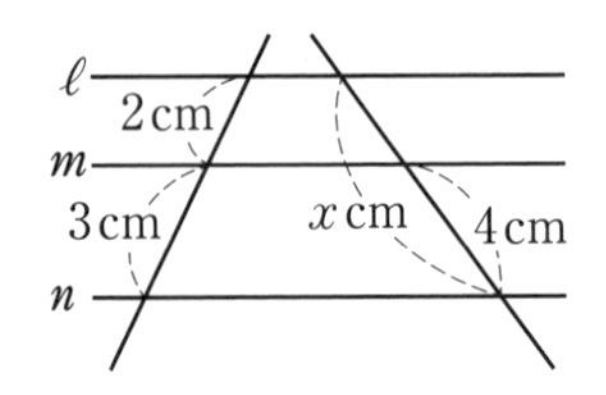

2 右の図で，BC∥DE であるとき，次の比を求めなさい。（15点×2）

(1) △ADE と △ABC の周の長さの比

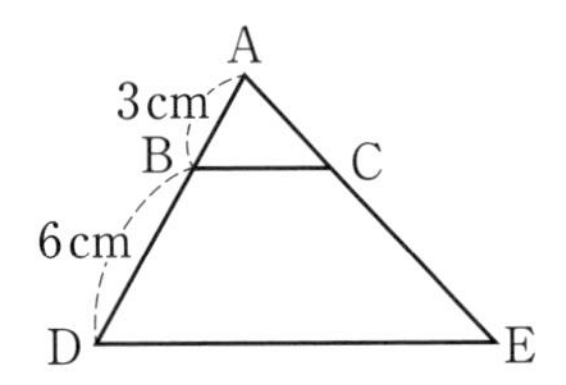

(2) △ABC と四角形 BDEC の面積比

3 次の図で，∠x の大きさを求めなさい。（15点×2）

(1)

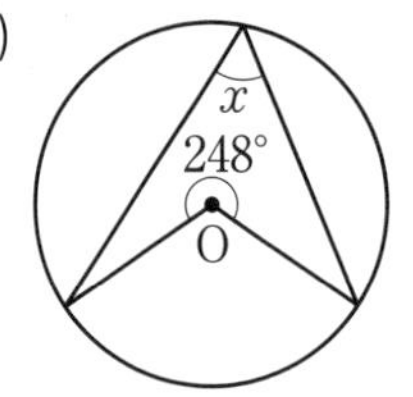

(2)

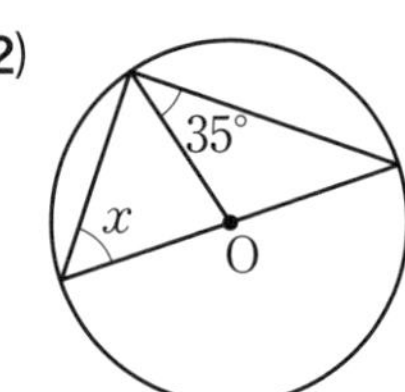

4 右の図の正四角錐（せいしかくすい）について，次の問いに答えなさい。（15点×2）

(1) 高さ OH を求めなさい。

(2) 体積を求めなさい。

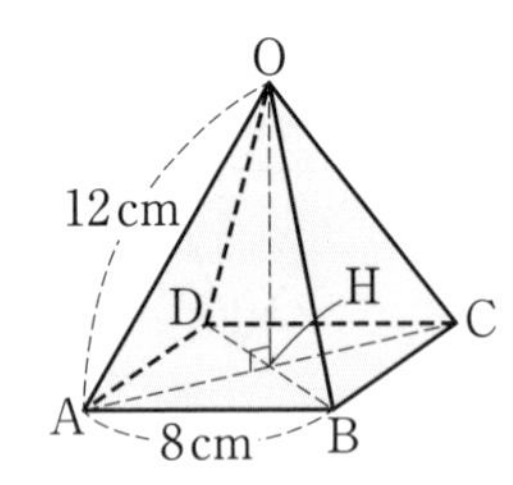

月　日

59 データの整理

解答 ➡ P.79

1 右の表は，たまご20個の重さをそれぞれ調べて，度数分布表にまとめたものです。次の問いに答えなさい。(15点×2)

階級（g）	度数（個）
以上　未満 45 ～ 49	3
49 ～ 53	11
53 ～ 57	4
57 ～ 61	2
計	20

(1) 平均値を求めなさい。

(2) 中央値が入っている階級の階級値を求めなさい。

2 ある15人のグループの体重測定の結果は，下のようになりました。次の問いに答えなさい。(14点×5)

39　40　57　55　58　39　61　53　42　51　59　56　48　57　46 (kg)

(1) 中央値を求めなさい。

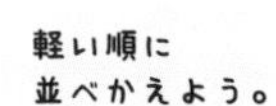

(2) 第1四分位数を求めなさい。

(3) 第3四分位数を求めなさい。

(4) 四分位範囲(しぶんいはんい)を求めなさい。

(5) このデータの箱ひげ図をかきなさい。

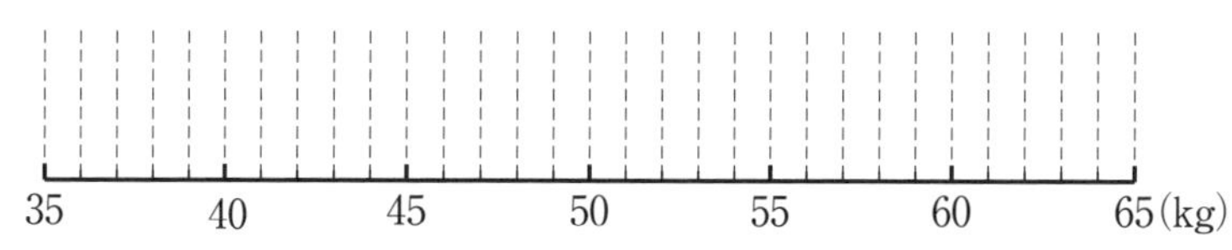

確　率

合格点 80点
得点　　点
解答 ➡ P.80

1 次の確率を求めなさい。（10点×3）

(1) 1つのさいころを投げるとき，偶数(ぐうすう)の目が出る確率

(2) 1つのさいころを投げるとき，1の目が出る確率

(3) 2つのさいころを投げるとき，目の差が6になる確率

2 1から10までの整数が1つずつ書かれたカードから1枚のカードをとり出すとき，次の確率を求めなさい。（15点×2）

(1) カードの数が3の倍数である確率

(2) カードの数が偶数か，3の倍数である確率

3 赤玉3個と白玉1個の入った袋があるとき，次の確率を求めなさい。（20点×2）

(1) 1個ずつ2回続けて玉をとり出すとき，2個目が白玉である確率

(2) 同時に2個の玉をとり出すとき，2個とも赤玉である確率

解答編

計算1～3年

▶数と式の計算

1 正の数・負の数の計算 ①

❶ (1) -5 (2) -6 (3) 15 (4) -9
(5) -16.9 (6) $-\frac{5}{6}$ (7) -2 (8) -6

❷ (1) -63 (2) 1 (3) 2 (4) -320
(5) $-\frac{6}{7}$ (6) $\frac{5}{8}$

❸ (1) 6 (2) 72

解き方考え方

❶ (8) $28+(-12)-25-(-3)=28-12-25+3$
$=28+3-12-25=31-37=-6$

❷ (4) $(-12.8)\div(+0.04)=(-1280)\div4=-320$

(6) $\left(-\frac{5}{3}\right)\times\left(-\frac{3}{4}\right)\div2$
$=\left(-\frac{5}{3}\right)\times\left(-\frac{3}{4}\right)\times\frac{1}{2}=\frac{5}{8}$

❸ (1) $(-2)^2\times\frac{3}{2}=(-2)\times(-2)\times\frac{3}{2}=6$

(2) $(-2)^3\times(-3^2)$
$=(-2)\times(-2)\times(-2)\times(-3\times3)$
$=(-8)\times(-9)=72$

2 正の数・負の数の計算 ②

❶ (1) -13 (2) 150 (3) -5 (4) 34
(5) $\frac{2}{15}$ (6) $\frac{9}{16}$ (7) 4 (8) $-\frac{11}{6}$

❷ (1) 314 (2) -1700 (3) -4 (4) 121

解き方考え方

❶ 四則の混じった計算では，かっこの中や累乗→乗除→加減の順に計算する。

❷ 分配法則を使うと，計算が簡単になることがある。

(1) $116\times3.14-16\times3.14$
$=(116-16)\times3.14=100\times3.14=314$

(3) $(-36)\times\left(-\frac{1}{6}+\frac{5}{18}\right)$
$=(-36)\times\left(-\frac{1}{6}\right)+(-36)\times\frac{5}{18}=6-10$
$=-4$

3 式の計算 ①

❶ (1) $x+15$ (2) $3.5a+8$ (3) -6
(4) $3a-10$ (5) $\frac{7}{6}a+1$ (6) $\frac{3}{10}x+\frac{1}{2}$

❷ (1) $-6+3x$ (2) $2x-4$ (3) $4-2x$
(4) $5x$ (5) $a-14$ (6) $23x-17$
(7) $\frac{11}{12}x-\frac{7}{12}$ $\left(\frac{11x-7}{12}\right)$ (8) $\frac{x+7}{6}$

解き方考え方

❶ 文字の項(こう)どうし，数の項どうしを1つの項にまとめる。

❷ 分配法則を使って，かっこをはずす。

4 式の計算 ②

❶ (1) $x-y$ (2) $2x^2-2x$
(3) $18x-31y$ (4) $5a^2+6a+3$
(5) $\frac{5}{12}a+\frac{5}{6}b$ $\left(\frac{5a+10b}{12}\right)$
(6) $\frac{x+8y}{6}$ (7) $10x+y$
(8) $-2x+7y+6$

❷ (1) $-8x^2y$ (2) $2a$ (3) $-8a^2b^3$ (4) xy
(5) $2a^2b$ (6) $-2x^2y$ (7) $2a^3$ (8) $-x^2y$
(9) $\frac{3}{2}xy^2$ (10) $-a^4b$

解き方考え方

❶ 同類項(どうるいこう)をまとめる。

(6) $\frac{x+2y}{2}-\frac{x-y}{3}=\frac{3(x+2y)-2(x-y)}{6}$

$=\frac{3x+6y-2x+2y}{6}=\frac{x+8y}{6}$

2 (8) $(-12xy^2)\times\frac{1}{4}x\div3y$

$=-12xy^2\times\frac{x}{4}\times\frac{1}{3y}=-\frac{12xy^2\times x}{4\times3y}$

$=-x^2y$

(9) $4x^2y\div2x\times\frac{3}{4}y=4x^2y\times\frac{1}{2x}\times\frac{3y}{4}$

$=\frac{4x^2y\times3y}{2x\times4}=\frac{3}{2}xy^2$

(10) $\frac{1}{4}a^3b^2\div(-ab^3)\times(-2ab)^2$

$=\frac{a^3b^2}{4}\times\frac{1}{-ab^3}\times4a^2b^2$

$=-\frac{a^3b^2\times4a^2b^2}{4\times ab^3}=-a^4b$

5 式の値

1 (1) -30　(2) 17　(3) 36　(4) $-\frac{7}{36}$

(5) 100

2 (1) -14　(2) -7　(3) $-\frac{7}{4}$　(4) 47

(5) -8　(6) -2

解き方考え方

1 負の数の代入は，かっこをつける。

(5) $2\times(-6)^2-3\times(-6)+10=72+18+10$

$=100$

2 (4) $2(a-2b)+3(4a+b)=2a-4b+12a+3b$

$=14a-b=14\times3-(-5)=42+5=47$

(6) $4(x^2+2y)-(x+3y)=4x^2-x+5y$

$=4\times\left(\frac{1}{4}\right)^2-\frac{1}{4}+5\times\left(-\frac{2}{5}\right)=-2$

6 まとめテスト ①

1 (1) -6　(2) 21　(3) 17　(4) $-\frac{21}{20}$

2 (1) $-4x+4$　(2) $-2a$　(3) $\frac{8x-2y}{3}$

(4) $\frac{x-15y}{12}$　(5) $-a^2$　(6) $10x^2y^2$

3 (1) -8　(2) 0

4 (1) $a-3b$　(2) $-7b$

解き方考え方

1 (4) $\left(\frac{1}{3}-\frac{4}{5}\right)\div\left(-\frac{2}{3}\right)^2=\left(\frac{5}{15}-\frac{12}{15}\right)\div\frac{4}{9}$

$=-\frac{7}{15}\times\frac{9}{4}=-\frac{21}{20}$

2 (2) $6(a-b)-2(4a-3b)=6a-6b-8a+6b$

$=-2a$

(3) $3x-y-\frac{x-y}{3}=\frac{3(3x-y)-(x-y)}{3}$

$=\frac{9x-3y-x+y}{3}=\frac{8x-2y}{3}$

(6) $xy\div\frac{6}{5}x\times12x^2y=\frac{xy\times5\times12x^2y}{6x}$

$=10x^2y^2$

3 (1) $a^2+2ab=(-2)^2+2\times(-2)\times3=4-12$

$=-8$

(2) $\frac{x+2y}{4}-\frac{3x-y}{2}=\frac{x+2y-2(3x-y)}{4}$

$=\frac{x+2y-6x+2y}{4}=\frac{-5x+4y}{4}$

$=\frac{-5\times4+4\times5}{4}=\frac{0}{4}=0$

4 (1) $A-B=(3a-2b)-(2a+b)$

$=3a-2b-2a-b=a-3b$

7 多項式と単項式の乗除

1 (1) $3x^2+6x$　(2) $2a^2-6a$

(3) $-6a^2+2ab-6ac$

(4) $-12x^2-6xy+15x$

(5) $3x^2-2xy$　(6) $-2a^3+6a^2-14a$

2 (1) $x+2$　(2) $6a-3ab$

(3) $-x^2+x-xy$　(4) $4ab-b+5$

(5) $\frac{x}{2}+2$　(6) $-0.4x+0.3y$

❸ (1) $5x^2-9x$　(2) $-2a^2-7ab$

(3) $7x^2-9x$　(4) $-2a^2-ab$

解き方考え方

❶ 単項式(たんこうしき)と多項式の乗法は，分配法則を使って計算する。

$\boldsymbol{a(b+c)=ab+ac}$　　$\boldsymbol{(a+b)c=ac+bc}$

(2) $(3a-9)\times\frac{2}{3}a=3a\times\frac{2}{3}a-9\times\frac{2}{3}a$

$=2a^2-6a$

❷ 多項式を単項式でわる除法は，単項式の逆数を多項式にかける。

(1) $(3x^2+6x)\div 3x=(3x^2+6x)\times\frac{1}{3x}$

$=x+2$

❸ (1) $3x(x-5)+2x(x+3)$

$=3x^2-15x+2x^2+6x=5x^2-9x$

8 多項式の乗法

❶ (1) $xy+4x+2y+8$

(2) $ax+bx-ay-by$

(3) $ab+2a-7b-14$

(4) $x^2-ax-bx+ab$

❷ (1) $2a^2-a-6$　(2) $6x^2+13x-5$

(3) $2x^2+3xy-2y^2$　(4) $8a^2-22ab+15b^2$

(5) $-2x^2+7xy-3y^2$　(6) $25x^2-16y^2$

❸ (1) $a^2+3a-ab-2b+2$

(2) $2x^2-8x+7xy-4y+3y^2$

(3) $24x^2-34x+6xy-y+5$

(4) $8a^2+28a+6ab+35b-5b^2$

解き方考え方

❶ 分配法則を 2 回使って，かっこをはずす。

$\boldsymbol{(a+b)(c+d)=ac+ad+bc+bd}$ （①②③④）

❷ (6) $(5x+4y)(5x-4y)$

$=25x^2-20xy+20xy-16y^2=25x^2-16y^2$

❸ (1) $(a+2)(a-b+1)$

$=a^2-ab+a+2a-2b+2$

$=a^2+3a-ab-2b+2$

9 乗法公式 ①

❶ (1) $x^2+11x+28$　(2) $x^2-8x+15$

(3) a^2-a-6　(4) $x^2+2x-48$

(5) $y^2+\frac{1}{6}y-\frac{1}{6}$　(6) $x^2-0.3x-0.04$

❷ (1) $4a^2+14a+12$　(2) $36x^2-24x-5$

(3) $x^2+xy-6y^2$　(4) $a^2-5ab+6b^2$

(5) $9x^2+6x-63$　(6) $\frac{1}{9}a^2-\frac{1}{3}a-56$

(7) $25x^2+5xy-2y^2$　(8) $9a^2+3ab-2b^2$

解き方考え方

❶ (1) $(x+4)(x+7)=x^2+(4+7)x+4\times 7$

$=x^2+11x+28$

❷ (1) $(2a+3)(2a+4)$

$=(2a)^2+(3+4)\times 2a+3\times 4$

$=4a^2+14a+12$

10 乗法公式 ②

❶ (1) $x^2+14x+49$　(2) $a^2-2ab+b^2$

(3) y^2-2y+1　(4) x^2-6x+9

❷ (1) x^2-16　(2) a^2-4　(3) $9-x^2$

(4) $x^2-\frac{9}{16}$

❸ (1) $9x^2+30x+25$　(2) $4x^2-16xy+16y^2$

(3) $x^2-\frac{4}{3}x+\frac{4}{9}$

(4) $\frac{1}{16}a^2+\frac{1}{4}ab+\frac{1}{4}b^2$　(5) $25a^2-9$

(6) x^2-36y^2

解き方考え方

❶ (1) $(x+7)^2=x^2+2\times 7\times x+7^2$

$=x^2+14x+49$

❷ (1) $(x+4)(x-4)=x^2-4^2=x^2-16$

❸ (1) $(3x+5)^2=(3x)^2+2\times5\times3x+5^2$
$=9x^2+30x+25$

11 乗法公式 ③

❶ (1) $8x+17$ (2) $2x^2-2x-15$
(3) $-4ab$ (4) x^2-8x+9
(5) $-5a+2$ (6) x^2-x+19
(7) $4x-5$ (8) $-2x^2+4x-9$
(9) $2x^2+7xy$ (10) $-x^2+2xy+y^2$

解き方考え方

❶ (1) $(x+3)^2-(x+2)(x-4)$
$=x^2+6x+9-(x^2-2x-8)$
$=x^2+6x+9-x^2+2x+8=8x+17$
(9) $(2x+y)^2-(2x-y)(x-y)$
$=4x^2+4xy+y^2-(2x^2-2xy-xy+y^2)$
$=4x^2+4xy+y^2-2x^2+3xy-y^2$
$=2x^2+7xy$

12 乗法公式 ④

❶ (1) $(2x+3)(2x-2)=(X+3)(X-2)$
$=X^2+X-6=(2x)^2+2x-6$
$=4x^2+2x-6$
(2) $(9x-2)(9x+5)=(X-2)(X+5)$
$=X^2+3X-10=(9x)^2+3\times9x-10$
$=81x^2+27x-10$

❷ (1) $x^2+2xy+y^2-4$
(2) $a^2+2ab+b^2+3a+3b-18$
(3) $-x^2+2xy-y^2+x-y$
(4) $x^2+y^2+z^2+2xy+2yz+2zx$
(5) $a^2-2ab+b^2+6a-6b+9$

解き方考え方

❶ (1) X でおきかえた式を展開したあとは，X を $2x$ にもどす。

❷ (1) $x+y$ を X とおくと，
$(x+y-2)(x+y+2)=(X-2)(X+2)$
$=X^2-2^2=(x+y)^2-4=x^2+2xy+y^2-4$
(3) $(x-y)(y-x+1)=-(x-y)(x-y-1)$
と変形して，$x-y$ を X とおく。

13 因数分解 ①

❶ (1) $x(a-b)$ (2) $x(5x+4)$
(3) $3a(x-3y+2)$ (4) $5x(2x+3y-1)$
(5) $2y(2x-y+5)$ (6) $3a(3a+b-2b^2)$

❷ (1) 4 (2) 1 (3) (順に) 3，1
(4) (順に) 2，10

❸ (1) $(x+3)(x+8)$ (2) $(x+2)(x-5)$
(3) $(a-3)(a-4)$ (4) $(x-2)(x+7)$
(5) $(x+4)(x-7)$ (6) $(y-5)(y+7)$

解き方考え方

❶ 多項式(たこうしき)の各項に共通因数があるときは，それをかっこの外にくくり出す。
$\boldsymbol{ma+mb=m(a+b)}$

❷ $\boldsymbol{x^2+(a+b)x+ab=(x+a)(x+b)}$

❸ (2) 積が -10，和が -3 になる数は2と -5 だから，
$x^2-3x-10=(x+2)(x-5)$

14 因数分解 ②

❶ (1) $(x+7)^2$ (2) $(x-8)^2$ (3) $(x+5)^2$
(4) $(a-1)^2$

❷ (1) $(3a+1)^2$ (2) $(4x-3)^2$ (3) $(2x-3)^2$
(4) $(2a-b)^2$ (5) $(x+3y)^2$ (6) $(3x-5y)^2$

❸ (1) $(x+6)(x-6)$ (2) $(a+1)(a-1)$
(3) $(x+10)(x-10)$ (4) $(4x+5)(4x-5)$
(5) $(9+2a)(9-2a)$
(6) $(3a+2b)(3a-2b)$

解き方考え方

❶ $\boldsymbol{x^2+2ax+a^2=(x+a)^2}$
$\boldsymbol{x^2-2ax+a^2=(x-a)^2}$
(1) $x^2+14x+49=x^2+2\times7\times x+7^2$
$=(x+7)^2$

❷ (1) $9a^2+6a+1=(3a)^2+2\times1\times3a+1^2$
$=(3a+1)^2$

❸ $\boldsymbol{x^2-a^2=(x+a)(x-a)}$

(4) $16x^2-25=(4x)^2-5^2=(4x+5)(4x-5)$

15 因数分解 ③

❶ (1) $y(x+1)(x-1)$ (2) $a(x+2)(x-3)$
(3) $a(x+2)^2$ (4) $3(a+2b)(a-2b)$
(5) $2(x-5)^2$ (6) $x(x-2)(x+3)$
(7) $2(x+2y)(x+5y)$
(8) $3y(x+1)(x+4)$ (9) $2z(x+2y)^2$
(10) $-2c(a+b)(a-2b)$

解き方考え方

❶ そのままでは因数分解の公式が使えないときは，共通因数をくくり出すと因数分解の公式を利用できることがある。

(1) $x^2y-y=y(x^2-1)=y(x+1)(x-1)$

(6) $x^3+x^2-6x=x(x^2+x-6)$
$=x(x-2)(x+3)$

(10) $-2a^2c+2abc+4b^2c$
$=-2c(a^2-ab-2b^2)=-2c(a+b)(a-2b)$

16 因数分解 ④

❶ (1) $(a+13)(a+3)$ (2) $(a-b)(2x-1)$
(3) $(x+2)(x-6)$ (4) $(x+2)(x+1)$
(5) $(x+2)(y-1)$

❷ (1) $5y(2x-y)$ (2) $(a+b)(x+y)(x-y)$
(3) $(x-1)(a+2b)(a-2b)$
(4) $(x+y-4)(x+y+2)$

解き方考え方

❶ (1) $a+8=A$ とおくと，
$(a+8)^2-25=A^2-5^2=(A+5)(A-5)$
$=(a+8+5)(a+8-5)=(a+13)(a+3)$

(3) $x-3=X$ とおくと，
$(x-3)^2+2(x-3)-15=X^2+2X-15$
$=(X+5)(X-3)=(x-3+5)(x-3-3)$
$=(x+2)(x-6)$

(5) x をふくむ項(こう)とふくまない項に分ける。
$xy-x+2y-2=x(y-1)+2(y-1)$
$y-1=Y$ とおくと，
$x(y-1)+2(y-1)=xY+2Y=(x+2)Y$
$=(x+2)(y-1)$

❷ (1) $x+2y=X$，$x-3y=Y$ とおくと，
$(x+2y)^2-(x-3y)^2=X^2-Y^2$
$=(X+Y)(X-Y)$
$=\{(x+2y)+(x-3y)\}\{(x+2y)-(x-3y)\}$
$=(x+2y+x-3y)(x+2y-x+3y)$
$=(2x-y)5y=5y(2x-y)$

(2) $a+b=A$ とおくと，
$x^2(a+b)-y^2(a+b)=x^2A-y^2A$
$=A(x^2-y^2)=A(x+y)(x-y)$
$=(a+b)(x+y)(x-y)$

(3) $(x-1)a^2+4(1-x)b^2$
$=(x-1)a^2-4(x-1)b^2$
として，$x-1=X$ とおく。

(4) $x+y=X$ とおくと，
$(x+y+1)(x+y-3)-5$
$=(X+1)(X-3)-5$
$=X^2-2X-3-5=X^2-2X-8$
$=(X-4)(X+2)=(x+y-4)(x+y+2)$

17 くふうした計算

❶ (1) 10404 (2) 39991

❷ (1) 5000 (2) 165 (3) 50π (4) 100

❸ (1) 25 (2) 6

解き方考え方

❶ (1) $102^2=(100+2)^2=10000+400+4$
$=10404$

(2) $197\times203=(200-3)(200+3)$
$=40000-9=39991$

❷ (1) $75^2-25^2=(75+25)(75-25)$
$=100\times50=5000$

(3) $7.5^2\pi-2.5^2\pi=(7.5^2-2.5^2)\pi$
$=(7.5+2.5)(7.5-2.5)\pi=10\times5\times\pi=50\pi$

(4) $58^2-2\times48\times58+48^2=(x-a)^2$
$=(58-48)^2=10^2=100$

❸ (1) $a^2+2ab+b^2=(a+b)^2=\{6+(-1)\}^2$
$=5^2=25$
(2) $(3x+2)^2-9x(x+4)$
$=9x^2+12x+4-9x^2-36x=-24x+4$
$=-24\times\left(-\frac{1}{12}\right)+4=6$

18 平方根

❶ (1) ±5 (2) $\pm\sqrt{6}$ (3) $\pm\frac{1}{3}$ (4) ±11

❷ (1) 7 (2) -4 (3) 0.9 (4) $-\frac{2}{3}$

❸ (1) $-\sqrt{6}$，$-\sqrt{2}$，0，$\sqrt{3}$，$\sqrt{5}$
(2) 2.7，3，$\sqrt{9.6}$，$\sqrt{10}$，$\frac{10}{3}$

❹ ア，イ，エ

解き方考え方

❶ 正の数の平方根は，正と負の２つある。
(1) $5^2=25$，$(-5)^2=25$ だから，±5

❷ (4) $-\sqrt{\frac{4}{9}}=-\sqrt{\left(\frac{2}{3}\right)^2}=-\frac{2}{3}$

❸ (2) $2.7^2=7.29$，$(\sqrt{9.6})^2=9.6$，$3^2=9$，
$\left(\frac{10}{3}\right)^2=\frac{100}{9}$，$(\sqrt{10})^2=10$として比べる。

❹ $\frac{m}{n}$ の形（m は整数，n は 0 でない整数）で表せる数が有理数，表せない数が無理数である。

19 根号をふくむ式の乗除

❶ (1) $\sqrt{18}$ (2) $\sqrt{48}$ (3) $\sqrt{2}$

❷ (1) $2\sqrt{6}$ (2) $10\sqrt{2}$ (3) $\frac{2\sqrt{3}}{7}$

❸ (1) $\sqrt{21}$ (2) $\sqrt{3}$ (3) $12\sqrt{2}$
(4) $60\sqrt{2}$ (5) $4\sqrt{2}$ (6) $2\sqrt{3}$ (7) 5
(8) 1

❹ (1) $\frac{2\sqrt{5}}{5}$ (2) $\frac{\sqrt{6}}{4}$ (3) $\frac{\sqrt{3}-1}{2}$

解き方考え方

❶ 根号の外にある数は，その数を２乗して根号の中に入れることができる。
$\boldsymbol{a\sqrt{b}=\sqrt{a^2b}}$ （a，b は正の数）
(1) $3\sqrt{2}=\sqrt{9}\times\sqrt{2}=\sqrt{9\times2}=\sqrt{18}$

❷ 根号の中の数が，ある数の２乗を因数にもつときは，その因数を根号の外に出すことができる。
$\boldsymbol{\sqrt{a^2b}=a\sqrt{b}}$ （a，b は正の数）
(1) $\sqrt{24}=\sqrt{4\times6}=\sqrt{4}\times\sqrt{6}=2\sqrt{6}$

❸ a，b が正の数のとき，
$\boldsymbol{\sqrt{a}\times\sqrt{b}=\sqrt{ab}}$，$\boldsymbol{\frac{\sqrt{a}}{\sqrt{b}}=\sqrt{\frac{a}{b}}}$
(2) $\sqrt{18}\div\sqrt{6}=\frac{\sqrt{18}}{\sqrt{6}}=\sqrt{\frac{18}{6}}=\sqrt{3}$

❹ (1) $\frac{2}{\sqrt{5}}=\frac{2\times\sqrt{5}}{\sqrt{5}\times\sqrt{5}}=\frac{2\sqrt{5}}{5}$
(2) $\frac{\sqrt{3}}{\sqrt{8}}=\frac{\sqrt{3}}{2\sqrt{2}}=\frac{\sqrt{3}\times\sqrt{2}}{2\sqrt{2}\times\sqrt{2}}=\frac{\sqrt{6}}{4}$
(3) $\frac{1}{\sqrt{3}+1}=\frac{\sqrt{3}-1}{(\sqrt{3}+1)(\sqrt{3}-1)}$
$=\frac{\sqrt{3}-1}{3-1}=\frac{\sqrt{3}-1}{2}$

20 根号をふくむ式の加減

❶ (1) $7\sqrt{2}$ (2) $9\sqrt{6}$ (3) $4\sqrt{5}$
(4) $-3\sqrt{7}$

❷ (1) $5\sqrt{3}$ (2) $5\sqrt{7}$ (3) $2\sqrt{6}$ (4) $\sqrt{3}$
(5) $8\sqrt{2}$ (6) $\sqrt{7}$

❸ (1) $\sqrt{2}-\sqrt{3}$ (2) $9\sqrt{5}-7\sqrt{6}$ (3) 0
(4) $-\sqrt{2}+2\sqrt{6}$

解き方考え方

❶ 根号の中の数が同じものは，文字式の同類項（どうるいこう）と同様にまとめることができる。
(1) $3\sqrt{2}+4\sqrt{2}=(3+4)\sqrt{2}=7\sqrt{2}$

❷ $a\sqrt{b}$ の形に変形して計算する。
(1) $\sqrt{12}+\sqrt{27}=2\sqrt{3}+3\sqrt{3}=5\sqrt{3}$

❸ (3) $\sqrt{12}-\sqrt{27}+\sqrt{75}-\sqrt{48}$
$=2\sqrt{3}-3\sqrt{3}+5\sqrt{3}-4\sqrt{3}=0$

21 根号をふくむ式の計算

❶ (1) $7\sqrt{2}$　(2) $2\sqrt{5}$　(3) $3\sqrt{2}+2\sqrt{3}$
(4) $15\sqrt{2}$　(5) 4　(6) 1

❷ (1) $8+2\sqrt{15}$　(2) $26-8\sqrt{3}$　(3) 2
(4) $4-2\sqrt{7}$　(5) -4

解き方考え方

❶ (1) $4\sqrt{2}+\dfrac{6}{\sqrt{2}}=4\sqrt{2}+\dfrac{6\sqrt{2}}{2}=7\sqrt{2}$

(3) $\sqrt{2}(3+\sqrt{6})=3\sqrt{2}+\sqrt{2}\times\sqrt{6}$
$=3\sqrt{2}+2\sqrt{3}$

(4) $\sqrt{5}(\sqrt{40}+\sqrt{10})=\sqrt{5}(2\sqrt{10}+\sqrt{10})$
$=\sqrt{5}\times3\sqrt{10}=15\sqrt{2}$

(6) $(\sqrt{27}-\sqrt{12})\div\sqrt{3}$
$=(3\sqrt{3}-2\sqrt{3})\div\sqrt{3}=\sqrt{3}\div\sqrt{3}=1$

❷ 乗法公式を利用して，式を展開する。

(1) $(\sqrt{3}+\sqrt{5})^2$
$=(\sqrt{3})^2+2\times\sqrt{5}\times\sqrt{3}+(\sqrt{5})^2$
$=3+2\sqrt{15}+5=8+2\sqrt{15}$

(3) $(3+\sqrt{7})(3-\sqrt{7})=3^2-(\sqrt{7})^2$
$=9-7=2$

22 平方根の利用 ①

❶ (1) $13-6\sqrt{3}$　(2) 12　(3) $8\sqrt{3}$
(4) 1　(5) 6

❷ 3けた

❸ 2

解き方考え方

❶ (1) $x^2-3x+1=(2\sqrt{3})^2-3\times2\sqrt{3}+1$
$=12-6\sqrt{3}+1=13-6\sqrt{3}$

(2) $x^2-2xy+y^2=(x-y)^2$
$=\{(1+\sqrt{3})-(1-\sqrt{3})\}^2$
$=(1+\sqrt{3}-1+\sqrt{3})^2=(2\sqrt{3})^2=12$

(3) $x^2-y^2=(x+y)(x-y)$
$=\{(\sqrt{3}+2)+(\sqrt{3}-2)\}\{(\sqrt{3}+2)-(\sqrt{3}-2)\}$
$=2\sqrt{3}\times4=8\sqrt{3}$

(4) $x^2-6x+5=(x-1)(x-5)$
$=\{(\sqrt{5}+3)-1\}\{(\sqrt{5}+3)-5\}$
$=(\sqrt{5}+2)(\sqrt{5}-2)=5-4=1$

❷ $\sqrt{30000}=\sqrt{3\times10000}=\sqrt{3}\times100$
$\sqrt{3}$ の整数部分は1けただから，
$\sqrt{30000}$ の整数部分は3けたになる。

❸ $3<\sqrt{11}<4$ より，$\sqrt{11}$ の整数部分は3であり，小数部分$=\sqrt{11}-$整数部分
だから，$a=\sqrt{11}-3$
$a(a+6)=(\sqrt{11}-3)(\sqrt{11}-3+6)$
$=(\sqrt{11}-3)(\sqrt{11}+3)=11-9=2$

23 平方根の利用 ②

❶ (1) 5　(2) 7　(3) 2，8，18，72

❷ (1) 18.70　(2) 0.5916　(3) 59.16

❸ 17.32

解き方考え方

❶ (1) $\sqrt{80n}=\sqrt{2^4\times5\times n}$
これが自然数であるためには，$2^4\times5\times n$ がある数の2乗になればよい。
最小の自然数 n は5で，このとき，
$\sqrt{2^4\times5\times n}=\sqrt{2^4\times5^2}=20$

(3) $\sqrt{\dfrac{72}{n}}=\sqrt{\dfrac{2^2\times3^2\times2}{n}}$
これが自然数であるためには，$\sqrt{\ }$ の中がある数の2乗になればよい。よって，
$n=2,\ 2^2\times2,\ 3^2\times2,\ 2^2\times3^2\times2$

❷ (1) $\sqrt{350}=\sqrt{100\times3.5}=10\sqrt{3.5}$
$=10\times1.870=18.70$

(2) $\sqrt{0.35}=\sqrt{\dfrac{35}{100}}=\dfrac{\sqrt{35}}{10}=\dfrac{5.916}{10}$
$=0.5916$

(3) $\sqrt{3500}=\sqrt{100\times35}=10\sqrt{35}$
$=10\times5.916=59.16$

3 $\sqrt{48}+\dfrac{18}{\sqrt{3}}=4\sqrt{3}+\dfrac{18\sqrt{3}}{3}=10\sqrt{3}$
$=10\times1.732=17.32$

24 まとめテスト ②

1 (1) $8a^2-2a-3$ (2) $x^2+3x-10$
(3) $4x^2-12x+9$
(4) $x^2+2xy+y^2-5x-5y$
2 (1) $(x+3)(x-8)$ (2) $a(x+5)^2$
(3) $(xy-1)(x+1)(x-1)$
(4) $(x+5)(x-9)$
3 (1) $4\sqrt{2}$ (2) $2\sqrt{3}$ (3) $6\sqrt{6}-3\sqrt{2}$
(4) $14+4\sqrt{5}$
4 11

解き方考え方

1 (4) $x+y=X$ とおくと,
$(x+y)(x+y-5)=X(X-5)=X^2-5X$
$=(x+y)^2-5(x+y)$
$=x^2+2xy+y^2-5x-5y$
2 (2) $ax^2+10ax+25a$
$=a(x^2+10x+25)=a(x+5)^2$
(3) $x^3y+1-x^2-xy=x^3y-x^2-xy+1$
$=x^2(xy-1)-(xy-1)=(xy-1)(x^2-1)$
$=(xy-1)(x+1)(x-1)$
別解 $x^3y+1-x^2-xy=x^3y-xy-x^2+1$
$=xy(x^2-1)-(x^2-1)=(xy-1)(x^2-1)$
$=(xy-1)(x+1)(x-1)$
3 (4) $(\sqrt{5}+3)^2-\sqrt{20}$
$=(\sqrt{5})^2+2\times3\times\sqrt{5}+3^2-2\sqrt{5}$
$=5+6\sqrt{5}+9-2\sqrt{5}=14+4\sqrt{5}$
4 $a+b=\sqrt{3}+\sqrt{2}+\sqrt{3}-\sqrt{2}=2\sqrt{3}$
$ab=(\sqrt{3}+\sqrt{2})(\sqrt{3}-\sqrt{2})=3-2=1$
なので,$a^2+ab+b^2=a^2+2ab+b^2-ab$
$=(a+b)^2-ab=(2\sqrt{3})^2-1=12-1=11$

▶方程式

25 1次方程式 ①

1 イ,エ
2 (1) $x=23$ (2) $x=-3$ (3) $x=-2$
(4) $x=20$ (5) $x=\dfrac{1}{6}$ (6) $x=\dfrac{3}{2}$
3 (1) $x=-2$ (2) $x=-1$ (3) $x=8$
(4) $x=-1$ (5) $x=4$ (6) $x=-1$
(7) $y=50$ (8) $t=-400$

解き方考え方

1 x に 2 を代入して,等式が成り立つもの。
2 (6) $\dfrac{x}{3}=\dfrac{1}{2}$ 両辺に 6 をかける。
$\dfrac{x}{3}\times6=\dfrac{1}{2}\times6$ $2x=3$
両辺を 2 でわる。$\dfrac{2x}{2}=\dfrac{3}{2}$ $x=\dfrac{3}{2}$
3 (8) $3t-1000=1400+9t$
$3t-9t=1400+1000$ $-6t=2400$
$t=-400$

26 1次方程式 ②

1 (1) $x=-2$ (2) $x=2$ (3) $x=6$
(4) $x=-1$
2 (1) $x=-7$ (2) $x=3$ (3) $x=\dfrac{12}{5}$
(4) $x=12$ (5) $x=-1$ (6) $x=-13$
(7) $x=-1$ (8) $x=17$
3 (1) $x=15$ (2) $x=11$

解き方考え方

1 かっこをはずして解く。
(1) $7x-4=3(x-4)$ $7x-4=3x-12$
$7x-3x=-12+4$ $4x=-8$ $x=-2$
2 係数に分数や小数をふくむときは整数になるように変形して解く。
(1) $1.5x+2.6=0.8x-2.3$
$15x+26=8x-23$ $15x-8x=-23-26$
$7x=-49$ $x=-7$

❸ $a:b=c:d$ のとき，$ad=bc$

(1) $5:3=25:x$　$5x=3\times25$　$x=15$

27 連立方程式 ①

❶ イ

❷ (1) $x=3$，$y=1$　(2) $x=-7$，$y=20$

(3) $x=2$，$y=1$　(4) $x=-4$，$y=-5$

❸ (1) $x=-2$，$y=-10$

(2) $x=3$，$y=-2$　(3) $x=-7$，$y=12$

(4) $x=2$，$y=-3$

解き方考え方

❶ x と y の値を代入して，2 つの方程式がともに成り立てばよい。

❷ (1) $\begin{cases} x+2y=5 & \cdots\cdots① \\ 3x-2y=7 & \cdots\cdots② \end{cases}$

①＋② より，$4x=12$　$x=3$

$x=3$ を①に代入して，$y=1$

(4) $\begin{cases} 4x-3y=-1 & \cdots\cdots① \\ -7x+5y=3 & \cdots\cdots② \end{cases}$

①×5 より，$20x-15y=-5$

②×3 より，$-21x+15y=9$

よって，$-x=4$　$x=-4$

$x=-4$ を①に代入すると，

$-16-3y=-1$　$y=-5$

❸ (1) $\begin{cases} 7x-3y=16 & \cdots\cdots① \\ y=5x & \cdots\cdots② \end{cases}$

②を①に代入すると，

$7x-3\times5x=16$　$-8x=16$　$x=-2$

$x=-2$ を②に代入して，$y=-10$

(4) $\begin{cases} 2x-3y=13 & \cdots\cdots① \\ 3y=-x-7 & \cdots\cdots② \end{cases}$

②を①に代入すると，

$2x-(-x-7)=13$　$3x=6$　$x=2$

$x=2$ を②に代入して，

$3y=-2-7$　$y=-3$

28 連立方程式 ②

❶ (1) $x=4$，$y=-1$　(2) $x=1$，$y=-1$

(3) $x=5$，$y=-2$　(4) $x=3$，$y=5$

❷ (1) $x=0$，$y=-1$

(2) $x=-14$，$y=-11$

(3) $x=15$，$y=6$

解き方考え方

❶ かっこをふくむときはかっこをはずして整理し，係数に分数や小数をふくむときは整数になるように変形して解く。

(1) $\begin{cases} 3x+2(y-2)=6 & \cdots\cdots① \\ -(x-1)+5y=-8 & \cdots\cdots② \end{cases}$

①より，$3x+2y=10$

②より，$-x+5y=-9$

(4) $\begin{cases} 0.8x-0.3y=0.9 & \cdots\cdots① \\ \dfrac{1}{6}x-\dfrac{1}{2}y=-2 & \cdots\cdots② \end{cases}$

①×10 より，$8x-3y=9$

②×6 より，$x-3y=-12$

❷ $A=B=C$ の形の方程式は，

$\begin{cases} A=B \\ A=C \end{cases}$　$\begin{cases} A=B \\ B=C \end{cases}$　$\begin{cases} A=C \\ B=C \end{cases}$

のどれかの組み合わせをつくって解く。

(1) $\begin{cases} 5x-y=1 \\ x-y=1 \end{cases}$ として解くとよい。

29 2次方程式とその解

❶ ア，ウ，オ，カ

❷ イ，ウ

❸ 2，3

❹ -1，0

❺ イ，ウ

解き方考え方

❶ 2次式＝0 の形に変形できる方程式を **2次方程式**という。

❷ 〔　〕の中の数を代入して成り立つ式を答える。

❺ −2を代入しても，1を代入しても，成り立つ式を答える。

30 2次方程式の解き方 ①

❶ (1) $x=-2,\ x=-5$ (2) $x=6,\ x=-3$
(3) $x=0,\ x=7$ (4) $x=4,\ x=9$

❷ (1) $x=-2,\ x=6$ (2) $x=-4$
(3) $x=\pm 7$ (4) $x=-3,\ x=1$
(5) $x=\pm 2$ (6) $x=1,\ x=3$
(7) $x=-2,\ x=4$ (8) $x=-5$

❸ (1) $x=-5,\ x=1$ (2) $x=-2,\ x=7$
(3) $x=-6$ (4) $x=0,\ x=-4$

解き方考え方

❶ **$AB=0$ ならば，$A=0$ または $B=0$**
(1) $(x+2)(x+5)=0$
$x+2=0$ または $x+5=0$
$x=-2,\ x=-5$

❷ (1)左辺を因数分解する。
$x^2-4x-12=0$ $(x+2)(x-6)=0$
$x+2=0$ または $x-6=0$
$x=-2,\ x=6$

❸ 左辺を展開した後，右辺が0になるように移項して，左辺を因数分解する。
(1) $x(x+4)=5$ $x^2+4x=5$
$x^2+4x-5=0$ $(x+5)(x-1)=0$
$x+5=0$ または $x-1=0$
$x=-5,\ x=1$

31 2次方程式の解き方 ②

❶ (1) $x=\pm\sqrt{6}$ (2) $x=\pm 4$
(3) $x=\pm\dfrac{5}{2}$ (4) $x=\pm\sqrt{3}$
(5) $x=\pm\sqrt{7}$ (6) $x=\pm\sqrt{5}$

❷ (1) $x=3\pm\sqrt{5}$ (2) $x=-8,\ x=0$
(3) $x=3\pm\sqrt{3}$ (4) $x=2\pm\sqrt{5}$
(5) $x=-10,\ x=-4$ (6) $x=6\pm 2\sqrt{2}$
(7) $x=3\pm 2\sqrt{3}$ (8) $x=-4\pm 3\sqrt{2}$

解き方考え方

❶ 平方根の考え方を利用して解く。
$x^2=k$ ならば，$x=\pm\sqrt{k}$
(5) $3x^2-21=0$ $3x^2=21$
$x^2=7$ $x=\pm\sqrt{7}$

❷ (1) $(x-3)^2=5$ $x-3=\pm\sqrt{5}$
$x=3\pm\sqrt{5}$

32 2次方程式の解き方 ③

❶ (1)(順に) 4，2 (2)(順に) 9，3
(3)(順に) 25，5 (4)(順に) 16，4

❷ (1) $x=2\pm\sqrt{11}$ (2) $x=-1\pm\sqrt{6}$
(3) $x=-5\pm\sqrt{30}$ (4) $x=4\pm\sqrt{26}$

❸ (1) $x=-4\pm 3\sqrt{2}$ (2) $x=3\pm 2\sqrt{2}$
(3) $x=\dfrac{-3\pm\sqrt{5}}{2}$ (4) $x=\dfrac{-5\pm\sqrt{17}}{2}$
(5) $x=\dfrac{3\pm\sqrt{17}}{4}$ (6) $x=\dfrac{-1\pm\sqrt{7}}{3}$

解き方考え方

❶ (2) x^2-6x に x の係数 −6 の半分の2乗，すなわち9を加えると，$(x-\square)^2$ の形に因数分解できる。

❷ (1) $x^2-4x-7=0$ $x^2-4x=7$
左辺を $(x-\square)^2$ の形にするために，x の係数 −4 の半分の2乗を両辺に加えると，
$x^2-4x+4=7+4$ $(x-2)^2=11$
$x-2=\pm\sqrt{11}$ $x=2\pm\sqrt{11}$

❸ 2次方程式の解の公式
$ax^2+bx+c=0$ $(a\neq 0)$ の解は，
$$x=\frac{-b\pm\sqrt{b^2-4ac}}{2a}$$
(1) $x^2+8x-2=0$ 解の公式より，
$$x=\frac{-8\pm\sqrt{8^2-4\times 1\times(-2)}}{2\times 1}$$
$$=\frac{-8\pm\sqrt{72}}{2}=\frac{-8\pm 6\sqrt{2}}{2}$$
$$=-4\pm 3\sqrt{2}$$

33 まとめテスト ③

❶ (1) $x=-2$　(2) $x=-2$　(3) $x=-3$
(4) $x=-8$

❷ $x=5$

❸ (1) $x=1,\ y=-2$　(2) $x=-1,\ y=2$
(3) $x=8,\ y=4$　(4) $x=5,\ y=-2$

❹ (1) $x=-5\pm\sqrt{6}$　(2) $x=-1\pm\sqrt{5}$
(3) $x=8$　(4) $x=1,\ x=4$

解き方考え方

❶ (3) $0.4x-1=0.2x-1.6$
両辺に 10 をかけると，$4x-10=2x-16$
$2x=-6$　$x=-3$

❸ (4) $\begin{cases}-x-2y=-1\\x+3y=-1\end{cases}$ を解くとよい。

❹ (1) $(x+5)^2=6$　$x+5=\pm\sqrt{6}$
$x=-5\pm\sqrt{6}$
(2) $x^2+2x-4=0$　解の公式より，
$$x=\frac{-2\pm\sqrt{2^2-4\times1\times(-4)}}{2\times1}$$
$$=\frac{-2\pm\sqrt{20}}{2}=\frac{-2\pm2\sqrt{5}}{2}=-1\pm\sqrt{5}$$
(3) $x^2-16x+64=0$　$(x-8)^2=0$　$x=8$
(4) $(x-5)(x-1)=-x+1$
$x^2-6x+5=-x+1$　$x^2-5x+4=0$
$(x-1)(x-4)=0$　$x=1,\ x=4$

▶関　数

34 比例・反比例の式

❶ (1) $y=\frac{3}{2}x$　(2) (順に) $-3,\ 0,\ 9,\ 12$
(3) $-3\leqq y\leqq30$

❷ (1) $y=-\frac{24}{x}$
(2) (順に) $12,\ 24,\ -12,\ -8$　(3) -24

❸ 比例定数 -3，x の値 -6

解き方考え方

❶ 比例の式　$\boldsymbol{y=ax}$ (a は比例定数)

❷ 反比例の式　$\boldsymbol{y=\frac{a}{x}}$ (a は比例定数)

❸ $y=ax$ とおき，$x=4,\ y=-12$ を代入すると，$a=-3$ より，$y=-3x$

35 1次関数の式

❶ (1) $y=3x-5$　(2) $y=\frac{1}{2}x-3$
(3) $y=2x-11$

❷ (1) $y=x+1$　(2) $y=x+5$

解き方考え方

❶ 1次関数の式　$\boldsymbol{y=ax+b}$
(1)変化の割合が 3 なので，$y=3x+b$ とおく。$x=2,\ y=1$ を代入して，
$b=-5$

❷ (1) $y=ax+b$ とおくと，
$x=2$ のとき $y=3$ だから，
$3=2a+b$ ……①
$x=4$ のとき $y=5$ だから，
$5=4a+b$ ……②
①，②を解いて，$a=1,\ b=1$
別解 変化の割合は，
$\frac{5-3}{4-2}=\frac{2}{2}=1$ より，$y=x+b$ とおく。
$x=2,\ y=3$ を代入して，$b=1$

36 関数 $y=ax^2$

❶ (1) $y=\pi x^2$，○　(2) $y=x^3$，×
(3) $y=6x^2$，○　(4) $y=5x$，×

❷ (1) (順に) $2,\ 8,\ 18,\ 72$　(2) 9 倍

❸ (1) $y=3x^2$　(2) $y=-\frac{2}{3}x^2$

解き方考え方

❶ (2) y は x の 3 乗に比例している。
(4) y は x に比例している。

❷ (2) $x=1$ のとき $y=2$, $x=3$ のとき $y=18$ だから，$18\div2=9$(倍)
関数 $y=ax^2$ では x の値が n 倍になると，y の値は n^2 倍になる。

❸ $y=ax^2$ とおき，x, y の値を代入して，a の値を求める。

37 関数 $y=ax^2$ の変域

❶ (1) $12\leqq y\leqq75$　(2) $0\leqq y\leqq27$

❷ (1) $x=0$, $y=0$　(2) $x=4$, $y=-64$

❸ $\dfrac{3}{8}$

❹ $a=-2$, $b=0$

解き方考え方

❶ $y=3x^2$ のグラフは右の図のようになる。
(2)グラフより，$x=0$ のとき y の値は最小となり，$x=-3$ のとき y の値は最大となる。$y=3\times(-3)^2=27$
したがって，$0\leqq y\leqq27$

❷ (2)右のグラフより，$x=4$ のとき y の値は最小となる。
$y=-4\times4^2=-64$

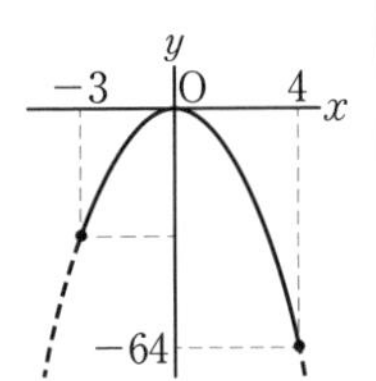

❸ **関数 $y=ax^2$ において，x の変域に 0 がふくまれるとき，$a>0$ ならば y の最小値が 0，$a<0$ ならば y の最大値が 0 となる。**
y の最小値が 0 だから，$a>0$
-2 と 4 の絶対値は 4 のほうが大きいから，$x=4$ のとき y は最大値 6 になる。
$y=ax^2$ に $x=4$, $y=6$ を代入すると，
$6=a\times4^2$　これより，$a=\dfrac{3}{8}$

❹ $y=x^2$ で，$x=1$ のとき $y=1$ だから，$y=4$ になるのは $x=a$ のとき。
$4=a^2$ より，$a=\pm2$
$a\leqq1$ であるから $a=-2$
$y=x^2$ で，$-2\leqq x\leqq1$ のとき，y の最小値は 0
よって，$b=0$ である。

38 関数 $y=ax^2$ の変化の割合

❶ (1) 9　(2) 15　(3) -12

❷ -3

❸ 4

❹ $\dfrac{3}{2}$

解き方考え方

❶ **変化の割合 $=\dfrac{y\text{の増加量}}{x\text{の増加量}}$**
(1) x の増加量は，$3-0=3$
y の増加量は，$3\times3^2-3\times0^2=27$
よって，変化の割合は，$\dfrac{27}{3}=9$
(3) x の増加量は，$-1-(-3)=2$
y の増加量は，
$3\times(-1)^2-3\times(-3)^2=-24$
よって，変化の割合は，$\dfrac{-24}{2}=-12$
関数 $y=ax^2$ では，変化の割合は一定ではない。

❸ x の増加量は，$5-2=3$
y の増加量は，$a\times5^2-a\times2^2=21a$
よって，$\dfrac{21a}{3}=28$ より，$7a=28$　$a=4$

❹ 変化の割合は，$\dfrac{-4a}{2}=-2a$
$y=-3x-4$ の変化の割合は -3 だから，
$-2a=-3$　$a=\dfrac{3}{2}$

39 まとめテスト ④

❶ -4

❷ (1) $y=2x+2$　(2) $y=x+2$

❸ (1) $y=\frac{1}{3}x^2$　(2) $-24\leqq y\leqq -6$　(3) 3

解き方考え方

❶ 反比例の式 $y=\frac{a}{x}$ に $x=-6$，$y=6$ を代入して，$6=\frac{a}{-6}$　$a=-36$

$y=-\frac{36}{x}$ に $y=9$ を代入して，

$9=-\frac{36}{x}$　$x=-4$

❷ (2) $y=ax+b$ とおくと，$\begin{cases}1=-a+b\\3=a+b\end{cases}$

$a=1$，$b=2$ より，$y=x+2$

別解 変化の割合は，$\frac{3-1}{1-(-1)}=1$

よって，$y=x+b$ に $x=-1$，$y=1$ を代入して b の値を求める。

❸ (2) $x=3$ のとき y は最大値をとり，その値は，$y=-\frac{2}{3}\times 3^2=-6$

$x=6$ のとき y は最小値をとり，その値は，$y=-\frac{2}{3}\times 6^2=-24$

(3) x の増加量は，$3-1=2$

y の増加量は，$a\times 3^2-a\times 1^2=8a$

よって，$\frac{8a}{2}=12$ より，$4a=12$　$a=3$

▶図　形

40 おうぎ形の弧の長さと面積

❶ (1)弧の長さ 8π cm，面積 24π cm^2

(2)弧の長さ $\frac{10}{3}\pi$ cm，面積 $\frac{20}{3}\pi$ cm^2

❷ 中心角 40°，面積 9π cm^2

❸ 中心角 135°，弧の長さ 6π cm

❹ まわりの長さ $(10\pi+10)$ cm

面積 25π cm^2

解き方考え方

❶ (1)弧の長さ $2\pi\times 6\times\frac{240}{360}=8\pi$(cm)

面積 $\pi\times 6^2\times\frac{240}{360}=24\pi$(cm^2)

❷ 中心角を x° とすると，

$2\pi\times 9\times\frac{x}{360}=2\pi$ より，$x=40$

面積は，$\pi\times 9^2\times\frac{40}{360}=9\pi$(cm^2)

❸ 中心角を x° とすると，

$\pi\times 8^2\times\frac{x}{360}=24\pi$ より，$x=135$

弧の長さは，$2\pi\times 8\times\frac{135}{360}=6\pi$(cm)

❹ まわりの長さは，

$2\pi\times 15\times\frac{72}{360}+2\pi\times 10\times\frac{72}{360}+5\times 2$

$=10\pi+10$(cm)

面積は，

$\pi\times 15^2\times\frac{72}{360}-\pi\times 10^2\times\frac{72}{360}=25\pi$(cm^2)

41 立体の表面積と体積 ①

❶ (1) 140 cm^3　(2) 50π cm^3　(3) 80 cm^3

❷ (1)表面積 60 cm^2，体積 24 cm^3

(2)表面積 66π cm^2，体積 72π cm^3

❸ $S=16a+30$

解き方考え方

❶ (3) $\left\{\left(\frac{1}{2}\times 5\times 4\right)+\left(\frac{1}{2}\times 5\times 4\right)\right\}\times 4$

$=80$(cm^3)

❷ (1)表面積は，

$(3+4+5)\times 4+\frac{1}{2}\times 4\times 3\times 2=60$(cm^2)

体積は，$\frac{1}{2}\times 4\times 3\times 4=24$(cm^3)

(2)表面積は，

$2\pi\times 3\times 8+\pi\times 3^2\times 2=66\pi$(cm^2)

体積は，$\pi\times 3^2\times 8=72\pi$(cm^3)

❸ $S=(5+a)\times2\times3+5a\times2=16a+30$

42 立体の表面積と体積 ②

❶ (1) $108\,\mathrm{cm}^3$ (2) $\frac{32}{3}\pi\,\mathrm{cm}^3$

❷ 表面積 $64\,\mathrm{cm}^2$，体積 $\frac{64\sqrt{2}}{3}\,\mathrm{cm}^3$

❸ $12\pi\,\mathrm{cm}^3$

❹ $64\pi\,\mathrm{cm}^2$

解き方考え方

❶ **角錐・円錐の体積$=\frac{1}{3}\times$底面積$\times$高さ**

❷ 表面積は，$\frac{1}{2}\times4\times6\times4+4\times4=64\,(\mathrm{cm}^2)$

体積は，$\frac{1}{3}\times4\times4\times4\sqrt{2}=\frac{64\sqrt{2}}{3}\,(\mathrm{cm}^3)$

❸ 底面の半径が 3 cm，高さが 4 cm の円錐だから，

$\frac{1}{3}\times\pi\times3^2\times4=12\pi\,(\mathrm{cm}^3)$

❹ 底面の半径を x cm とすると，

$2\pi\times12\times\frac{120}{360}=2\pi x$ より，$x=4$

底面の半径が 4 cm，母線の長さが 12 cm の円錐だから，

$\pi\times12^2\times\frac{120}{360}+\pi\times4^2=64\pi\,(\mathrm{cm}^2)$

43 立体の表面積と体積 ③

❶ (1)表面積 $16\pi\,\mathrm{cm}^2$，体積 $\frac{32}{3}\pi\,\mathrm{cm}^3$

(2)表面積 $27\pi\,\mathrm{cm}^2$，体積 $18\pi\,\mathrm{cm}^3$

❷ 表面積 $144\pi\,\mathrm{cm}^2$，体積 $216\pi\,\mathrm{cm}^3$

❸ (1) $20\pi\,\mathrm{cm}^3$ (2) $48\pi\,\mathrm{cm}^3$

解き方考え方

❶ 半径 r の球の表面積を S，体積を V とすると，$\boldsymbol{S=4\pi r^2}$，$\boldsymbol{V=\frac{4}{3}\pi r^3}$

(2)表面積は，

$4\pi\times3^2\times\frac{1}{2}+\pi\times3^2=27\pi\,(\mathrm{cm}^2)$

体積は，$\frac{4}{3}\pi\times3^3\times\frac{1}{2}=18\pi\,(\mathrm{cm}^3)$

❷ 曲面部分の面積は，

$4\pi\times6^2\times\frac{3}{4}=108\pi\,(\mathrm{cm}^2)$

平面部分の面積は，

$\pi\times6^2\times\frac{1}{2}\times2=36\pi\,(\mathrm{cm}^2)$

よって，表面積は，$108\pi+36\pi=144\pi\,(\mathrm{cm}^2)$

体積は，$\frac{4}{3}\pi\times6^3\times\frac{3}{4}=216\pi\,(\mathrm{cm}^3)$

❸ (1)底面の半径が 2 cm，高さが 5 cm の円柱ができるから，$\pi\times2^2\times5=20\pi\,(\mathrm{cm}^3)$

(2)底面の半径が 4 cm，高さが 9 cm の円(えん)錐(すい)ができるから，

$\frac{1}{3}\times\pi\times4^2\times9=48\pi\,(\mathrm{cm}^3)$

44 平行線と角

❶ (1) $\angle x=125°$

(2) $\angle x=84°$，$\angle y=56°$

❷ (1) $60°$ (2) $105°$ (3) $43°$ (4) $40°$

❸ $25°$

解き方考え方

❶ **平行線の同位角，錯(さっ)角(かく)は等しい。**

(2) $\angle x=180°-96°=84°$

$\angle y=180°-124°=56°$

❷ (1)右の図のように，ℓ，m に平行な直線をひくと，平行線の錯角は等しいから，

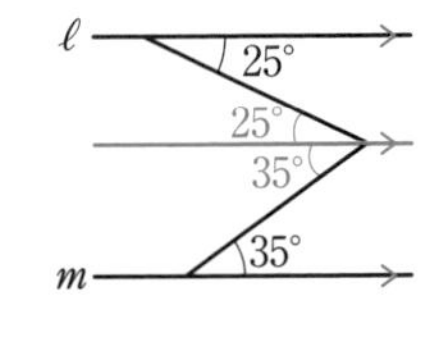

$\angle x=25°+35°=60°$

(2) (1)と同様に，ℓ，m に平行な直線をひくと，平行線の同位角は等しいから，
$\angle x=70^\circ+35^\circ=105^\circ$

❸ $\angle x=45^\circ-(50^\circ-30^\circ)=25^\circ$

45 多角形の角

❶ (1) 75°　(2) 67°　(3) 40°　(4) 38°
(5) 45°　(6) 44°

❷ (1) 1080°　(2)正十二角形

解き方考え方

❶ (1) **三角形の外角は，それととなり合わない2つの内角の和に等しい。**
$\angle x+35^\circ=110^\circ$ より，
$\angle x=110^\circ-35^\circ=75^\circ$
(2)**二等辺三角形の2つの底角は等しい。**
$\angle x=(180^\circ-46^\circ)\div 2=67^\circ$
(3)右の図の △DBC で，
$\angle \mathrm{DBC}+\angle \mathrm{DCB}$
$=180^\circ-110^\circ=70^\circ$
$\angle \mathrm{ABC}+\angle \mathrm{ACB}$
$=70^\circ\times 2=140^\circ$
$\angle x=180^\circ-140^\circ=40^\circ$
(4)右の図のように，辺 AD を延長し，辺 BC との交点を E とすると，

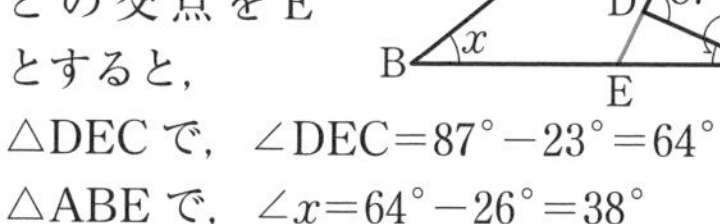

△DEC で，$\angle \mathrm{DEC}=87^\circ-23^\circ=64^\circ$
△ABE で，$\angle x=64^\circ-26^\circ=38^\circ$
別解 右の図のように線分 AC をひくと，
$\angle \mathrm{DAC}+\angle \mathrm{DCA}$
$=180^\circ\ \ 87^\circ=93^\circ$

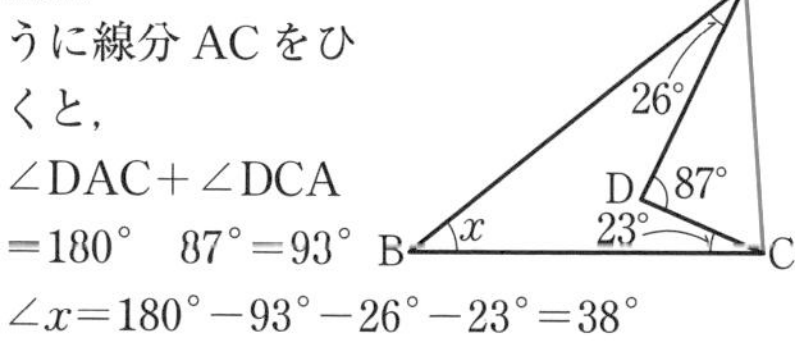

$\angle x=180^\circ-93^\circ-26^\circ-23^\circ=38^\circ$
(5) **多角形の外角の和は 360° である。**
(6) $180^\circ-58^\circ-33^\circ-25^\circ-20^\circ=44^\circ$

❷ (1) $180^\circ\times(8-2)=1080^\circ$
(2) $360^\circ\div 30^\circ=12$

46 まとめテスト ⑤

❶ 弧の長さ π cm，面積 $\frac{5}{2}\pi\,\mathrm{cm}^2$

❷ (1)表面積 $64\,\mathrm{cm}^2$，体積 $20\,\mathrm{cm}^3$
(2)表面積 $144\pi\,\mathrm{cm}^2$，体積 $288\pi\,\mathrm{cm}^3$

❸ $\angle x=46^\circ$，$\angle y=102^\circ$

❹ (1) 141°　(2) 58°

解き方考え方

❶ 弧の長さは，$2\pi\times 5\times\frac{36}{360}=\pi\,(\mathrm{cm})$
面積は，$\pi\times 5^2\times\frac{36}{360}=\frac{5}{2}\pi\,(\mathrm{cm}^2)$

❷ (1)表面積は，
$(5+5+3.5)\times 4+\frac{1}{2}\times 5\times 2\times 2=64\,(\mathrm{cm}^2)$
体積は，$\frac{1}{2}\times 5\times 2\times 4=20\,(\mathrm{cm}^3)$

❸ $\angle x=180^\circ-134^\circ=46^\circ$
$\angle y=\angle x+56^\circ=46^\circ+56^\circ=102^\circ$

❹ (2) $\angle x=70^\circ+24^\circ-36^\circ=58^\circ$

47 相似とその利用

❶ (1) 5：4　(2) BC＝12.5 cm，GH＝4 cm

❷ (1) 6 cm　(2) 10 cm

❸ 約 9.5 m

解き方考え方

❶ (1) AB：EF＝10：8＝5：4

❷ (1) AB：9＝4：6 より，AB＝6 cm

❸ △ABC∽△DEF なので，
1：DE＝0.6：5.7　よって，DE＝9.5 m

48 三角形と比

❶ (1) $x=6$，$y=2$　(2) $x=3.6$，$y=10$
(3) $x=8$，$y=6$　(4) $x=3$，$y=6$

❷ (1) 3　(2) 4

❸ $x=6.4$, $y=8$

解き方考え方

❶ (1) AD：AB＝AE：AC＝DE：BC
AD：DB＝AE：EC
$6:(6+3)=x:9$　$54=9x$　$x=6$
$6:3=4:y$　$6y=12$　$y=2$

❷ (1) $8:6=4:x$　$8x=24$　$x=3$
(2) $10:8=(9-x):x$　$10x=8(9-x)$
$10x=72-8x$　$18x=72$　$x=4$

❸ △ABD∽△CAD より，
BD：AD＝AD：CD
$x:4.8=4.8:3.6$　$x:4.8=4:3$　$x=6.4$
また，BA：AC＝AD：CD
$y:6=4.8:3.6$　$y:6=4:3$　$y=8$

49 平行線と線分の比

❶ (1) 4　(2) 5.2　(3) 3　(4) 7
❷ (1) 6 cm　(2) 8 cm
❸ 2 cm

解き方考え方

❶ (1) $5:10=x:8$　$10x=40$　$x=4$
(3) $5:7.5=4:(3+x)$　$5(3+x)=30$
$3+x=6$　$x=3$
(4)右の図のように，平行な直線を1本かき加えて考える。

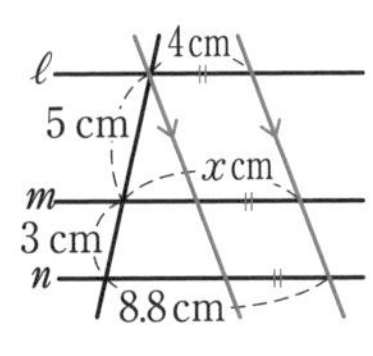

$5:(5+3)$
$=(x-4):(8.8-4)$
これより，$x=7$

❷ (1) AB∥CD より，△ABE∽△DCE
よって，
AE：DE＝AB：DC＝10：15＝2：3
また，AB∥EF より，△ABD∽△EFD
よって，AB：EF＝AD：ED
10：EF＝(2＋3)：3＝5：3
5EF＝30　EF＝6 cm
(2) EF：CD＝BF：BD　6：15＝BF：20
15BF＝120　BF＝8 cm

❸ △ABC において，中点連結定理より，
MQ∥BC，$\mathrm{MQ}=\frac{1}{2}\mathrm{BC}=5(\mathrm{cm})$
MP∥AD であるから △BPM∽△BDA
で相似比は 1：2　よって MP＝3 cm
PQ＝MQ－MP＝5－3＝2 (cm)

50 相似な図形の面積比と体積比

❶ (1) 25：9　(2) $48\mathrm{cm}^2$
❷ (1) $16\pi\ \mathrm{cm}^2$　(2) 27：64
❸ 64：1

解き方考え方

❶ 相似な図形の相似比が $m:n$ のとき，面積比は $\boldsymbol{m^2:n^2}$ である。
(1)相似比は $(3+2):3=5:3$ だから，
面積比は，$5^2:3^2=25:9$
(2) $\triangle\mathrm{ABC}=27\times\frac{25}{9}=75(\mathrm{cm}^2)$
よって，$75-27=48(\mathrm{cm}^2)$
別解 (△ADE の面積)：(台形 DBCE の面積)
$=9:(25-9)=9:16$
よって，$27\times\frac{16}{9}=48(\mathrm{cm}^2)$

❷ 相似な立体の相似比が $m:n$ のとき，
表面積の比は $\boldsymbol{m^2:n^2}$，体積比は $\boldsymbol{m^3:n^3}$
(1)相似比が $9:12=3:4$ だから，円錐Qの底面の半径は 4 cm
$\pi\times4^2=16\pi(\mathrm{cm}^2)$
(2) $3^3:4^3=27:64$

❸ 表面積の比が $16:1=4^2:1^2$ より，相似比は $4:1$，体積比は $4^3:1^3=64:1$

51 円周角 ①

❶ (1) 37°　(2) 46°
❷ (1) 49°　(2) 47°　(3) 50°　(4) 54°
❸ アとウ

解き方考え方

❶ 同じ弧(こ)に対する円周角の大きさは，すべて等しい。

❷ (3) $\angle x=72°-22°=50°$

(4)右の図より，

$\angle x=30°+24°=54°$

❸ ア $\angle \mathrm{ACB}=180°-115°-45°=20°$

ウ $\angle \mathrm{ACB}=85°-25°=60°$

52 円周角 ②

❶ (1) 47°　(2) 226°　(3) 44°　(4) 115°

❷ (1) 52°　(2) 116°　(3) 34°　(4) 85°

解き方考え方

❶ 1つの弧(こ)に対する円周角は，その弧に対する中心角の半分の大きさである。

(2) $\angle x=113°\times 2=226°$

(3) $\angle x=22°\times 2=44°$

(4) $\angle x=\dfrac{1}{2}\times(360°-130°)=115°$

❷ (1)半円の弧に対する円周角は直角である。

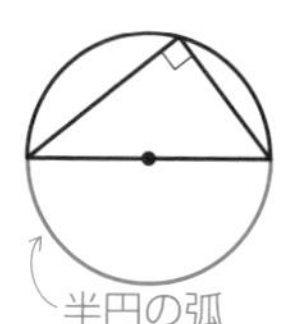

(2)二等辺三角形の2つの底角は等しいから，右の図のようになる。

$28°+30°=58°$

$\angle x=58°\times 2=116°$

(4)同じ弧に対する円周角の大きさはすべて等しいから，

$\angle x=30°+55°=85°$

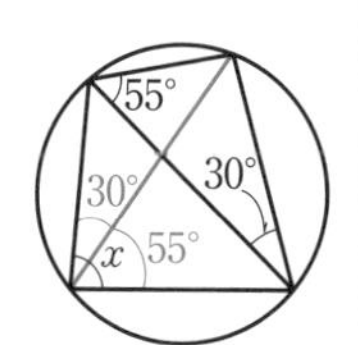

53 三平方の定理

❶ (1) 10　(2) 5　(3) $6\sqrt{2}$　(4) 6

(5) $4\sqrt{3}$　(6) 7

❷ ア，エ

❸ 8cm，$2\sqrt{34}$ cm

解き方考え方

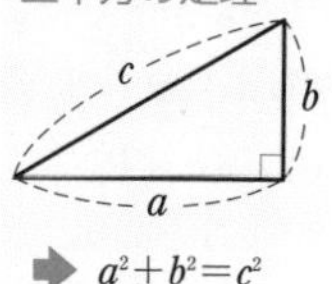

❶ (1) $6^2+8^2=x^2$　$x^2=100$

$x>0$ だから，$x=10$

(2) $x^2+12^2=13^2$

$x^2=25$

$x>0$ だから，$x=5$

(3)辺の比が $1:1:\sqrt{2}$ の直角三角形。

(4)辺の比が $1:2:\sqrt{3}$ の直角三角形。

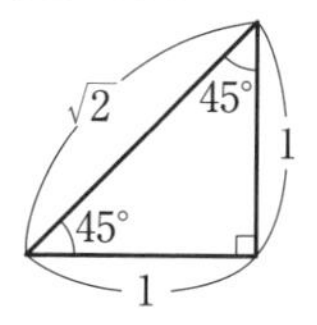

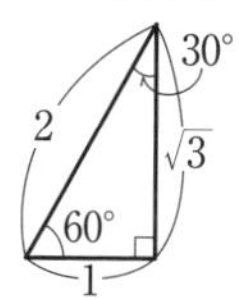

❷ ア $3^2+4^2=25$　$5^2=25$

エ $3^2+(\sqrt{11})^2=20$　$(2\sqrt{5})^2=20$

❸ 残りの辺の長さを x cm とすると，10 cm の辺が斜辺(しゃへん)のとき，

$6^2+x^2=10^2$　$x^2=64$

$x>0$ だから，$x=8$

残りの辺が斜辺のとき，

$6^2+10^2=x^2$　$x^2=136$

$x>0$ だから，$x=2\sqrt{34}$

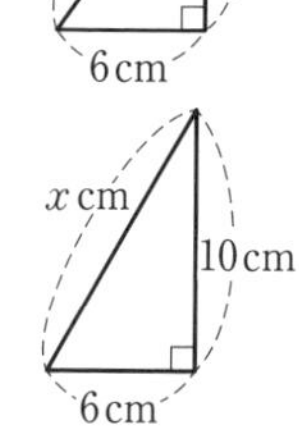

斜辺は最も長い辺であるから，6 cm の辺が斜辺になることはない。

54 三平方の定理の利用 ①

❶ (1) $2\sqrt{3}$　(2) $\sqrt{41}$

❷ (1) $2\sqrt{7}$　(2) $\dfrac{5\sqrt{2}}{2}$

❸ (1) $2\sqrt{13}$ cm　(2) $3\sqrt{3}$ cm

(3) $8\sqrt{3}$ cm　(4) 8 cm

解き方考え方

❶ 右の長方形ABCDで，$\ell^2=a^2+b^2$

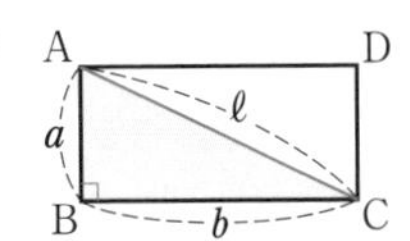

(1) $BD=\sqrt{AB^2+AD^2}$

$x=\sqrt{(\sqrt{5})^2+(\sqrt{7})^2}=\sqrt{12}=2\sqrt{3}$

(2) $x=\sqrt{(3\sqrt{5})^2-2^2}=\sqrt{41}$

❷ (1) $AC=\sqrt{4^2-2^2}=\sqrt{12}=2\sqrt{3}$ (cm)

$x=\sqrt{(2+2)^2+(2\sqrt{3})^2}=\sqrt{28}=2\sqrt{7}$

(2) △DBC は45°の角をもつ直角三角形だから，CD : DB$=1:\sqrt{2}$

$5:DB=1:\sqrt{2}$　DB$=5\sqrt{2}$ cm

△ABD は30°，60°の角をもつ直角三角形だから，AD : DB$=1:2$

$x:5\sqrt{2}=1:2$　$2x=5\sqrt{2}$　$x=\dfrac{5\sqrt{2}}{2}$

❸ (2)高さを h cm とすると，

$h=\sqrt{6^2-3^2}=\sqrt{27}$

$=3\sqrt{3}$

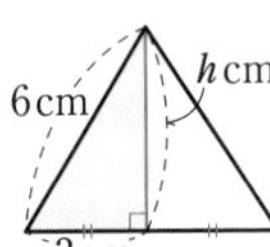

(4)円の中心と弦との距離を x cm とすると，

$x=\sqrt{10^2-6^2}=\sqrt{64}=8$

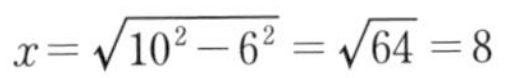

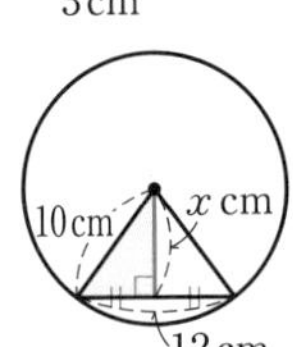

55 三平方の定理の利用 ②

❶ (1) $16\sqrt{3}$ cm²　(2) $8\sqrt{2}$ cm²

(3) $9\sqrt{2}$ cm²

❷ $\dfrac{28}{3}$ cm²

❸ (1) 10　(2) $\sqrt{61}$　(3) $\sqrt{89}$

解き方考え方

❶ (1)高さを h cm とすると，

$h=\sqrt{8^2-4^2}=\sqrt{48}=4\sqrt{3}$

$\dfrac{1}{2}\times8\times4\sqrt{3}=16\sqrt{3}$ (cm²)

(2)高さを h cm とすると，

$h=\sqrt{6^2-2^2}=\sqrt{32}$

$=4\sqrt{2}$

$\dfrac{1}{2}\times4\times4\sqrt{2}=8\sqrt{2}$ (cm²)

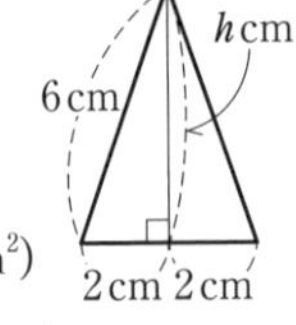

(3) 高さを h cm とすると，

$h:3=1:\sqrt{2}$

$h=\dfrac{3\sqrt{2}}{2}$　$6\times\dfrac{3\sqrt{2}}{2}=9\sqrt{2}$ (cm²)

❷ △AOB で，円の接線は，その接点を通る半径に垂直だから，$AO^2+AB^2=BO^2$

円の半径を x cm とすると，

$x^2+8^2=(x+6)^2$　これを解いて，$x=\dfrac{7}{3}$

$\dfrac{1}{2}\times8\times\dfrac{7}{3}=\dfrac{28}{3}$ (cm²)

❸ (1)右の図で，

$AC=4-(-2)=6$

$BC=5-(-3)=8$

$AC^2+BC^2=AB^2$

$AB=\sqrt{6^2+8^2}=10$

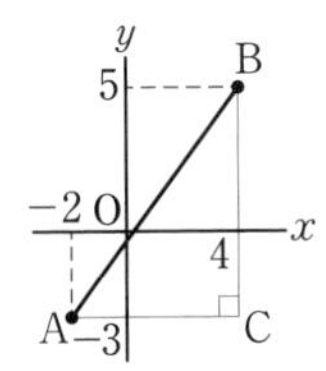

56 三平方の定理の利用 ③

❶ (1) $\sqrt{77}$ cm　(2) $5\sqrt{3}$ cm　(3) $\sqrt{34}$ cm

❷ (1)高さ…$2\sqrt{7}$ cm，体積…$96\sqrt{7}$ cm³

(2)高さ…20 cm，体積…2940π cm³

解き方考え方

❶ 縦，横，高さがそれぞれ a，b，c である直方体の対角線の長さを ℓ とすると，

$\ell^2=a^2+b^2+c^2$

(3) $AB=\sqrt{3^2+3^2+(6-2)^2}=\sqrt{34}$ (cm)

❷ (1)底面の正方形の対角線の長さは $12\sqrt{2}$ cm だから，高さは，

$\sqrt{10^2-(6\sqrt{2})^2}=2\sqrt{7}$ (cm)

体積は，$\dfrac{1}{3}\times12^2\times2\sqrt{7}=96\sqrt{7}$ (cm³)

(2)高さは，$\sqrt{29^2-21^2}=\sqrt{400}=20$ (cm)

体積は，$\frac{1}{3}\times\pi\times21^2\times20=2940\pi$ (cm³)

57 三平方の定理の利用 ④

❶ (1) 5 cm　(2) $6\sqrt{3}$ cm

❷ $\sqrt{30}$ cm²

❸ (1) $4\sqrt{2}$ cm²　(2) 20π cm²

解き方考え方

❶ (1) $\sqrt{3^2+(2+2)^2}=\sqrt{25}=5$ (cm)

(2)側面を展開したおうぎ形の中心角を a°とすると，$12\pi\times\frac{a}{360}=4\pi$　$a=120$

展開図は右のようになり，△PAA′ はPA=PA′ の二等辺三角形である。∠Pの二等分線PMは底辺AA′を垂直に二等分するから，△PAMは$1:2:\sqrt{3}$の直角三角形である。よって，AM=$3\sqrt{3}$ cmとなり，AA′=$6\sqrt{3}$ cm

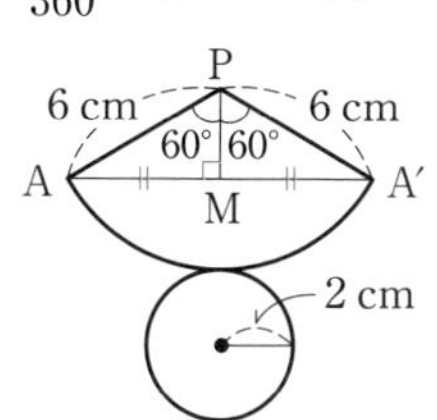

❷ 右の図のように考えて，

OA=$\sqrt{2^2+3^2}$

=$\sqrt{13}$ (cm)

△OABの高さは，

$\sqrt{(\sqrt{13})^2-(\sqrt{3})^2}=\sqrt{10}$ (cm)

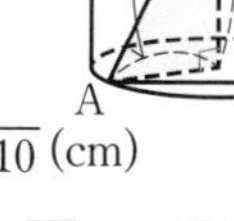

よって，$\frac{1}{2}\times2\sqrt{3}\times\sqrt{10}=\sqrt{30}$ (cm²)

❸ (1)右の図で，△ABDは正三角形でEはADの中点だから，BE=$2\sqrt{3}$ cm

二等辺三角形EBCの高さEFは，

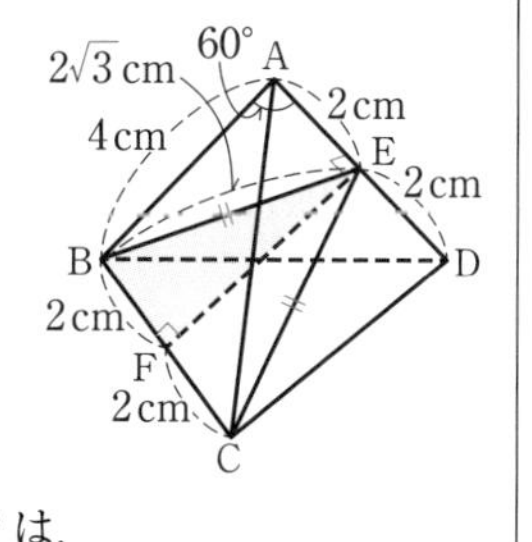

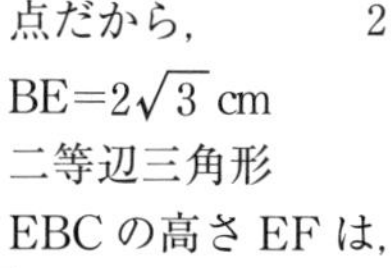

$\sqrt{(2\sqrt{3})^2-2^2}=\sqrt{8}=2\sqrt{2}$ (cm)

よって，$\frac{1}{2}\times4\times2\sqrt{2}=4\sqrt{2}$ (cm²)

(2)求める円の半径は，

$\sqrt{6^2-4^2}=\sqrt{20}=2\sqrt{5}$ (cm)

よって，$\pi\times(2\sqrt{5})^2=20\pi$ (cm²)

58 まとめテスト ⑥

❶ $\frac{20}{3}$

❷ (1) 3 : 1　(2) 1 : 8

❸ (1) 56°　(2) 55°

❹ (1) $4\sqrt{7}$ cm　(2) $\frac{256\sqrt{7}}{3}$ cm³

解き方考え方

❶ $(2+3):3=x:4$　$3x=20$　$x=\frac{20}{3}$

❷ (1) △ADE∽△ABCで相似比は，

AD : AB=(3+6) : 3=3 : 1

周の長さの比は，相似比に等しい。

(2) △ABCと△ADEの面積比は，

$1^2:3^2=1:9$　よって，△ABCと四角形BDECの面積比は，1 : (9−1)=1 : 8

❸ (2) $\angle x=90°-35°=55°$

❹ (1) AH : AB=1 : $\sqrt{2}$ だから，

AH : 8=1 : $\sqrt{2}$ より，AH=$4\sqrt{2}$ cm

△OAHで，$OH^2=OA^2-AH^2$ より，

OH=$\sqrt{12^2-(4\sqrt{2})^2}=\sqrt{112}=4\sqrt{7}$ (cm)

▶データの活用

59 データの整理

❶ (1) 52 g　(2) 51 g

❷ (1) 53 kg　(2) 42 kg　(3) 57 kg　(4) 15 kg

(5)

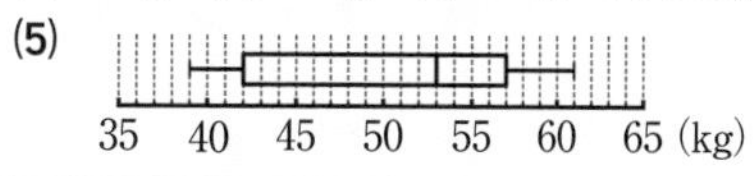

解答

解き方考え方

❶ (1) 平均値 $=\dfrac{(\text{階級値}\times\text{度数})\text{の合計}}{\text{度数の合計}}$

$$\frac{47\times3+51\times11+55\times4+59\times2}{20}=52\,(\mathrm{g})$$

(2) 20 個の重さを大きさの順に並べたとき，中央値は 10 番目の値と 11 番目の値の平均値となる。10 番目，11 番目の値はともに 49 g 以上 53 g 未満の階級であるから，中央値も 49 g 以上 53 g 未満の階級である。この階級の階級値は，

$$\frac{49+53}{2}=51\,(\mathrm{g})$$

❷ データを大きさの順に並べると，

39　39　40　42　46　48　51　53

55　56　57　57　58　59　61

(1)中央値は 8 番目のデータの値で 53 kg。

(2)第 1 四分位数は，中央値より下位 7 つのデータの中央値で 42 kg。

(3)第 3 四分位数は，中央値より上位 7 つのデータの中央値で 57 kg。

(4)四分位範囲は，第 3 四分位数から第 1 四分位数をひいた値である。

(5)箱ひげ図は，次のように分布の特徴を 5 つの値で表す。

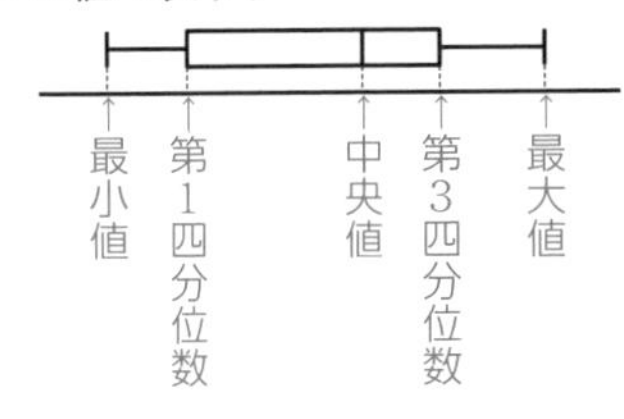

60　確　率

❶ (1) $\dfrac{1}{2}$　(2) $\dfrac{1}{6}$　(3) 0

❷ (1) $\dfrac{3}{10}$　(2) $\dfrac{7}{10}$

❸ (1) $\dfrac{1}{4}$　(2) $\dfrac{1}{2}$

解き方考え方

❶ (1)起こりうる場合の数は全部で 6 通り。偶数の目が出るのは，このうちの 3 通りだから，求める確率は，

$$\frac{3}{6}=\frac{1}{2}$$

(3)差は 6 にならないので，確率は $\dfrac{0}{36}=0$

❷ (1) 3 の倍数は，3，6，9 の 3 枚なので，求める確率は $\dfrac{3}{10}$

❸ 赤玉をそれぞれ A，B，C，白玉を P とすると，次のような樹形図となる。

(1)
A ─ B，C，P ○
B ─ A，C，P ○
C ─ A，B，P ○
P ─ A，B，C

(2)
A ─ B ○，C ○，P
B ─ C ○，P
C ─ P